钨矿选矿技术问答

刘全军　邓久帅　刘俊伯　编著

科学出版社

北京

内 容 简 介

本书采用问与答的形式阐述钨矿选矿过程中的基本原理、选矿药剂、选矿工艺方法及最新的研究成果。全书共分五章，包括绪论、钨矿资源、钨矿选矿工艺矿物学、钨矿选矿及钨矿资源综合利用。其中，结合钨矿资源加工的实际生产和研究需要，本书还融入钨金属、钨资源、含钨多金属选别、钨二次资源及钨矿尾矿资源综合利用等方面的内容。

本书可作为现场工作的工程技术人员、管理人员和高等院校相关专业师生的参考书，也可作为科技培训教材或自学钨矿选矿技术人员的参考用书。

图书在版编目（CIP）数据

钨矿选矿技术问答/刘全军，邓久帅，刘俊伯编著. —北京：科学出版社，2016.3

ISBN 978-7-03-047986-0

Ⅰ. ①钨… Ⅱ. ①刘… ②邓… ③刘… Ⅲ. ①钨矿床–选矿–问题解答 Ⅳ. ①TD954-44

中国版本图书馆 CIP 数据核字（2016）第 060225 号

责任编辑：张 展 韩卫军/责任校对：贾伟娟
责任印制：余少力/封面设计：墨创文化

科 学 出 版 社 出版

北京东黄城根北街 16 号
邮政编码：100717
http://www.sciencep.com

四川煤田地质制图印刷厂 印刷

科学出版社发行 各地新华书店经销

*

2016 年 4 月第 一 版 开本：787×1092 1/16
2016 年 4 月第一次印刷 印张：9 1/4
字数：220 000

定价：59.00 元

（如有印装质量问题，我社负责调换）

前　言

钨是一种宝贵的稀有金属，具有熔点和密度高、硬度大、高温强度好的特性。同时，钨也是一种重要的战略资源，在合金、电子、化工等领域具有重要应用。

我国是世界钨资源最丰富的国家，钨资源主要集中在湖南、江西、河南、甘肃、广东、广西、福建和云南等地。进入 21 世纪，我国钨行业发展进入了全新时期，选矿技术、生产规模、市场竞争力都已达到一定水平。我国钨矿储量虽大，但经过长达半个多世纪的开采，易处理的钨资源越来越少，难选矿石比例越来越大。同时，钨矿物嵌布粒度细，微细粒矿物较难回收；白钨矿和黑、白钨混合矿组分复杂，且常伴有其他有用金属；选别过程中，磨矿易造成钨矿过粉碎。这些因素影响了钨矿资源的综合利用水平。

近年来，基于钨资源的战略意义和经济价值，选矿工作者一直关注和重视钨资源加工的研究与开发，包括基础理论研究和应用技术研究，内容涉及工艺矿物学、晶体化学、表界面化学、新药剂开发和新工艺研究等，取得了一些理论和技术上的新进展和研究成果。这些新知识、新技术有必要加以吸收、梳理、汇集和整理。此外，编著者多年来一直从事有色金属资源高效加工和矿产资源综合利用等研究工作，希望通过一种深入浅出、通俗易懂的参考书方式来阐述深奥的钨矿选矿理论和技术。以上这些原因是作者编写本书的初衷。

本书的编写得到云南省自然科学基金重点项目（项目编号：2013FA009）的支持，也得到了复杂有色金属资源清洁利用国家重点实验室和昆明理工大学创新团队碎磨节能增效与尾矿资源综合利用等科研平台的帮助。刘俊伯编写本书的第一、第二和第三章；邓久帅编写本书的第五章；刘全军编写本书的第四章，并对全书进行统一整理。

同时，在本书的编写过程中，博士、硕士研究生邓荣东、杨晓峰、胡婷、叶峰宏、杨俊龙、肖红、宋超、冉金城、张治国、姜美光、逢文好、丁鹏等为各种资料的收集、整理与编写做了大量的工作，在此表示衷心感谢。书中引用了许多国内外学者、同行的研究成果，在此表示衷心的感谢；对尚未列出的作者，表示深深的歉意。

尽管在编著此书的过程中我们做了很多工作，但由于水平有限，加上科学和实践都在飞速发展中，书中疏漏之处在所难免，敬请广大读者批评指正。

编著者
2015 年 12 月

目　　录

第一章 绪 论

第一节 钨金属的性质和用途

1 钨是如何发现的？

人们早在钨元素发现很久以前，就已经知道了钨的矿物——黑钨矿。它先是在萨克森—波西米亚地区的锡矿山中被发现，随后又在康沃尔被发现。Henckel 曾把黑钨矿看作一种含砷和铁的锡矿石。

1781 年，一直在研究某种脉石矿物的瑞典化学家 Scheele 阐明了该矿物的成分是钙与某种未知酸的一种化合物。1755 年，Cronstedt 曾把这种成酸元素命名为"Tungsten"（"钨"），这来源于瑞典单词"Tung"（"重的"）和"Sten"（"石头"）。随后在 1821 年，Leonhard 为了纪念 Scheele，把这种矿物取名为"Scheelite"（"白钨矿"或"钨酸钙矿"）。

1783 年，de Elhujar 兄弟俩发现了黑钨矿（钨锰铁矿）也含有钨，但不是与钙在一起，而是与铁和锰在一起。他们还与 Bergmann 合作，用碳还原这种氧化物，成功地获得了金属钨。这大概是首次制出金属钨，他们把它定名为"Wolfram"（"钨"）。关于这个词的起源还不十分清楚，也许是来源于德文单词"Wolf"和"Rahm"或者是瑞典单词"Wolfrig"。这很可能与难以从含有黑钨矿的锡石中提取锡有关。后来在 1863 年，Liebe 介绍了在西班牙的阿尔马格勒拉山脉发现的几乎是纯的钨酸铁，取名为"钨铁矿"（"Ferberite"）。

然而直至 1847 年，Oxland 取得了有关制造钨酸钠、钨酸和金属钨的方法的专利以前，在工业中钨仍然很少为人们所了解。Oxland 在 1857 年还取得铁-钨合金制造方法的专利权，但几乎过了五十年之后，金属钨本身才得到了应用，当时是用来制作白炽灯灯丝。

2 钨的原子结构是什么？

各元素按照其单原子的结构占据元素周期表上一定的位置。钨元素占据元素周期表中原子序数 74 的位置，因此，钨原子核内的质子数为 74，核外的电子数也为74。电子在核外分布是有"层次"的。同时，在各层中，根据电子运动轨道的能级高低不同，每层还可以分成若干次层，其中对元素物理性质、化学性质影响较大的是最外层电子（部分次外层电子也有影响）。最外层电子数目少（只有 1 个、2 个或3 个电子）的元素呈金属性；而最外层电子数目多（有 5 个、6 个或 7 个电子）的元素呈非金属性。钨原子中电子层的分布情况如下：

$$1s^2 2s^2 2p^6 3s^2 3p^6 3d^{10} 4s^2 4p^6 4d^{10} 4f^{14} 5s^2 5p^6 5d^4 6s^2$$

可以看出，钨原子中最外层电子的电子数目为 2，所以它呈金属性。钨原子的次外层（即第五层）的 5f 次层较 5d 次层、5d 次层较 6s 次层的能量高，所以，5f 次层完全空着，而 5d 次层的电子尚未填满，还缺 6 个电子。从上述分析中可以看出，钨原子的次外层电子数是未填满的，所以，钨属于过渡金属。由于电子结构的这个特点，钨显示出一些特性，如价电子的变化等。以上描述了金属钨原子的结构。至于固体金属钨原子间的结合方式，与其他固体金属原子的结合方式一样，是借助于各原子、正离子和自由电子间的引力而结合在一起的，即以"金属键"的方式结合。正是这种结合方式和原子的结构特点决定了钨具有金属的共同特性——导电性、导热性、可塑性和具有金属光泽等。

3 钨的晶格结构是什么？

钨属于体心立方点阵。钨有两种变型，即 α 型和 β 型。在标准温度和常压下，α 型是稳定的体心立方结构。β 型只在有氧存在的条件下才出现，它在 630℃ 以下是稳定的，当温度达到 630℃ 以上时又转化为 α 型钨，并且这一过程是不可逆的。钨的晶体结构及其有关的特性参数见表 1-1。

表 1-1 钨的晶体类型及其参数

金属名称	晶格类型	配位数	点阵常数/nm	原子半径/nm
钨（W）	体心立方	K8	0.31652	0.13706

在晶体点阵中，绝对完整的晶体结构称为理想晶体；而在实际晶体中，存在着一系列的晶体缺陷。所谓晶体缺陷，是指点阵结构发生偏差的那些区域，当然，不能把任何偏差，如原子的热振动和点阵的一般弹性变形等都称为"晶体缺陷"。用 X 射线分析法和电子显微镜等对金属晶体结构进行详尽研究，结果表明，金属晶体中存在的缺陷可分为点缺陷、线缺陷和面缺陷三类。

4 钨的物理性质是什么？

钨的主要物理性质见表 1-2。钨的熔点和沸点在各种金属中是最高的，其蒸气压是所有金属中最低的。在高熔点金属的用途中，上述性质具有决定意义。钨的密度与金大致相等，是密度最高的金属之一。

表 1-2 钨的主要物理性质

原子序数	74
平均相对原子质量	183.85±0.03
电子结构	[Xe]4f^{14}5d^{4}6s^2
稳定同位素在天然钨中的含量/%	180（0.14）；182（26.41）；183（14.4）；184（30.64）；186（28.41）

续表

密度/(g/cm³)	α-W：19.246～19.256（25℃，晶格测定计算值）；β-W：18.9（晶格测定计算值）；γ-W：15.8（薄层 X 射线衍射值）
熔点/K	3663～3696
沸点/K	5973±200
临界温度/K	13400±1400
临界压力/Pa	$(3.37\pm0.85)\times10^5$
蒸气压/Pa	$\lg p=-45395T^{-1}\pm12.8767$（2600～3100K）
融化潜热/(kJ/mol)	46±4
升华热/(kJ/mol)	858.9±4.6
线膨胀系数：	
293～1395K	$\alpha=4.266\times10^{-6}(T-293)+8.479\times10^{-10}(T-293)^2-1.974\times10^{-13}(T-293)^3$
1935～2495K	$\alpha=0.00548+5.416\times10^{-6}(T-1395)+1.952\times10^{-10}(T-1395)^2+4.422\times10^{-13}(T-1395)^3$
2495～3600K	$\alpha=0.01226+7.451\times10^{-6}(T-2495)+1.654\times10^{-9}(T-2495)^2+7.568\times10^{-14}(T-2495)^3$
热熔(C_p)/[J/(mol·K)]：	
298.15K	24.10～24.42
500K	24.33～25.44
1000K	27.19～27.60
1500K	29.23～29.86
2000K	31.37～32.13
2500K	34.67～36.00
3000K	39.25～41.80
3500K	46.49～50.85
3600K	48.11～54.68
热导率/[W/(cm·K)]：	
室温	1.75
1200～2800K	$\lambda=1.0834-1.052\times10^{-4}T+234.199T^{-1}$
电阻率/(μΩ·cm)	
273K	4.82
298K	5.40
400K	8.05
500K	10.70
600K	13.35
800K	18.85
1000K	24.75
1200K	30.90
1400K	37.20
电子逸出功（多晶钨）/eV	4.50～4.56
热中子俘获面/m²	1.8×10^{-27}

5 钨的化学性质是什么？

在钨的化合物中，钨可以呈-2、-1、0、+2、+3、+4、+5、+6 的价态，+5 价和 +6 价是其最常见的价态。钨的低氧化态化合物呈碱性，而高氧化态化合物呈酸性。

虽然钨的用途主要取决于其物理性能，如高熔点、高密度和低蒸气压等，但其化学性质也非常重要，因为它们决定和限制了钨在不同条件下的应用领域。

特别要注意的是，钨的化学性质相当反常且相互矛盾。

一方面，钨常被看作颇具惰性的金属，与许多元素和化合物不反应。钨甚至在高温下也能与许多陶瓷和玻璃不发生反应，并能耐许多熔融金属的侵蚀。在室温下钨能经受无机酸的腐蚀，只在较高温度时受到轻微的腐蚀。

另一方面，钨又能与许多元素和化合物发生反应。在室温下钨能与氟发生强烈反应。低于 100℃时钨能溶于氢氟酸和硝酸的混合酸、王水和含有氧化剂的碱液中。过氧化氢也是钨粉的良好溶剂。当温度升高时，能与钨反应的物质数量增加。250℃时钨与氯、磷酸、氢氧化钾、硝酸钠或亚硝酸钠反应。500℃时氧和氯化氢对钨的侵蚀变得强烈。800℃时钨与氨起反应，900℃时钨与一氧化碳、溴、碘和二硫化碳起反应。钨与碳或含碳化合物在温度高于 1000℃时发生反应。由于碳化钨是用得最多的钨化合物，钨的碳化反应十分重要。

钨在干燥和潮湿的空气中只在适宜的温度下稳定。大约 400℃时钨开始氧化，得到的氧化层不致密，不能阻止钨进一步的氧化。高于 700℃时钨氧化速度迅速增加。900℃时钨形成的氧化物开始升华，使氧化更加强烈。空气中的水分使氧化物的挥发性增加。

尽管钨是熔点最高的金属，但抗氧化性能差是它很大的缺陷。因此，钨在高温下的应用均需要惰性气氛或真空的保护。

块状钨与水不发生反应，但高于 600℃时会被水蒸气氧化。

6 钨的力学性能是什么？

钨的力学性能包括弹性、硬度、脆性、抗拉性能和抗蠕变性能等。

1）弹性

钨的弹性在室温以下几乎是等同的，多晶钨 20℃的弹性常数如下：

杨氏模量 E=390～410GPa；剪切模量 G=156～177GPa；体积弹性模量 K=305～310GPa，泊松比 γ=0.28～0.30。单晶钨的剪切模量、体积弹性模量、杨氏模量和泊松比与温度的关系见图 1-1 和图 1-2。

多晶钨的压缩模量 L 如下：

$$L=5.2415\times10^{12}-3.7399\times10^{8}T-4.598\times10^{4}T^{2}$$

式中，T——热力学温度，K。

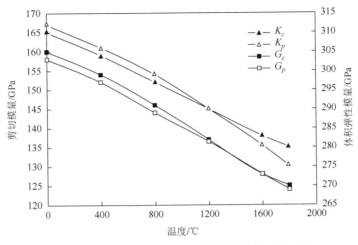

图 1-1　钨的剪切模量和体积弹性模量与温度的关系

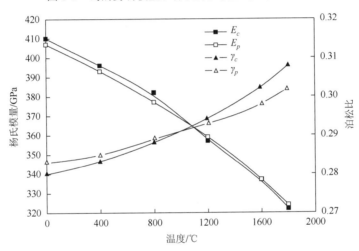

图 1-2　钨的杨氏模量和泊松比与温度的关系

2）硬度

表 1-3 列出了单晶钨和几种多晶钨的维氏硬度结果。

表 1-3　不同生产过程钨的维氏硬度　　　　　　　　　（单位：MPa）

材料	种类	压痕面	载荷			
			100kg	200kg	300kg	400kg
Pintch 丝上长大	单晶钨	（100）	3600	3620	3520	3500
		（110）	3950	3890	3850	3800
		（111）	4080	4100	3940	3800
		平均	3920	3790	3630	3570
熔化区		（100）	3610	3490	3500	3400
		（110）	4050	3900	3830	3730
		（111）	3960	3820	3930	3870
		平均	3870	3770	3790	3670

续表

材料	种类	压痕面	载荷			
			100kg	200kg	300kg	400kg
电子束熔炼			3970	3860	3740	3630
旋锻	多晶钨		4980	4740	4750	4630
旋锻与退火			3920	3790	3630	3570
轧制与再结晶			4010	3930	3840	372

从表 1-3 中可以看出，硬度与载荷有关，载荷越高，硬度越大；单晶钨的硬度与晶体取向有轻微关系，三个晶体取向的平均值与多晶钨（经退火或再结晶）相当；旋锻加工材料的硬度明显高于退火态材料。

多晶钨的维氏硬度如下：

0℃时 4500MPa，再结晶时 3000MPa，加工/变形时约 6500MPa，400℃时 2400MPa，800℃时 1900MPa。多晶钨的硬度随晶粒细化而增加，符合 Hall-Petch 公式：

$$H = H_0 + K_H d^{-1/2}$$

式中，H——硬度；

H_0——温度为 0K 时的硬度，H_0=3500MPa；

K_H——系数，K_H=100N·mm$^{-3/2}$；

d——晶粒粒度，mm。

温度与钨硬度的关系见图 1-3。可以从以下公式

$$H = K_n H_0 \exp(-\alpha_n T)$$
$$\sigma = M_n \sigma_0 \exp(-\beta_n T)$$

得出钨硬度与极限强度的如下关系：

$$\sigma = \frac{M_n \sigma_0}{K_n H_0} H \exp\left[(\alpha_n - \beta_n)T\right]$$

式中，H_0、H、σ 和 σ_0 分别为在试验温度和 0K 温度下的硬度和极限强度；α_n（α_1，α_2，α_3）和 β_n（β_1，β_2，β_3）分别为各切片的温度系数和极限强度温度系数；K_n（K_1，K_2，K_3）和 M_n（M_1，M_2，M_3）为各切片的常数；T 为热力学温度。

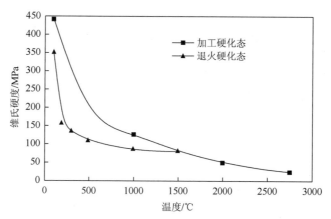

图 1-3　温度在 25～2700℃的钨的硬度与温度的函数关系

3）脆性

表 1-4 列出了钨板进行四倍厚度弯曲时的塑性-脆性转变温度。

表 1-4 钨板进行四倍厚度弯曲时的塑性-脆性转变温度（DBTT）

1h 退火温度/℃（℉）	平均晶粒直径/mm（in）	填隙杂质/% 碳、氮、氧	厚度/mm（in）	DBTT/℃（℉）
		A. 粉末冶金材料		
1099（2010）	无数据	5.7×10^{-3}、4.6×10^{-3}	1.524（0.06）	77（170）
1199（2190）				121（250）
1293（2360）				349（660）
1393（2540）				435（815）
1800（3272）	0.046（0.0018）	3.8×10^{-3}、$<4\times10^{-5}$、6×10^{-4}	0.508（0.02）	420（788）
2600～2800				
4712～5072	0.071（0.0028）			450（842）
1300（2372）	0.02～0.04（0.00079～0.0016）	4×10^{-4}、7×10^{-4}、1.4×10^{-3}	1.524（0.06）	
2100（3812）		2.1×10^{-3}、$<5\times10^{-4}$		235～280
2800（4172）		4×10^{-4}、$<5\times10^{-4}$、1.6×10^{-3}		
2500（4532）		1.5×10^{-3}、$<5\times10^{-4}$、1.0×10^{-3}		
		B. 电弧熔炼材料		
1427（2600）	1.8×10^{-2}（7×10^{-4}）	4×10^{-4}、9×10^{-4}、2×10^{-4}	1.27（0.05）	346（655）
1649（3000）	5.02×10^{-2}（2.0×10^{-3}）			337（638）
1871（3400）	1.08×10^{-1}（4.3×10^{-3}）			363（685）
2038（3700）	2.74×10^{-1}（1.1×10^{-2}）			322（613）
2204（4000）	7×10^{-1}（2.8×10^{-2}）			374（706）
1538（2800）	2.36×10^{-2}（9.3×10^{-4}）	6×10^{-4}、1.0×10^{-3}、6×10^{-4}	1.016（0.04）	260（500）
1649（3000）	2.68×10^{-2}（1.1×10^{-2}）			304（580）
1927（3500）	4.55×10^{-2}（1.8×10^{-3}）			366（690）
2093（3800）	7.64×10^{-2}（3×10^{-3}）			346（655）
2316（4200）	3.27×10^{-1}（1.3×10^{-2}）			349（660）
1871～1982（3400～3600）	1.9×10^{-2}（7.5×10^{-4}）	1.4×10^{-3}、1.3×10^{-3}、3×10^{-4}	1.016（0.04）	349（660）
	1.1×10^{-1}（4.3×10^{-3}）	4×10^{-4}、9×10^{-4}、2×10^{-4}		363（685）
	9×10^{-2}（3.5×10^{-3}）	4×10^{-4}、—、5×10^{-4}		299（570）
		C. 电子束熔炼材料		
1204（2200）	4.24×10^{-2}（1.7×10^{-3}）	1×10^{-4}、1.3×10^{-3}、2×10^{-4}	1.016（0.04）	273（525）
1649（3000）	9.91×10^{-2}（3.9×10^{-3}）			346（655）
1927（3500）	3.38×10^{-1}（1.33×10^{-2}）			399（750）
2093（3800）	7.13×10^{-1}（2.81×10^{-2}）			374（705）
2204（4000）	1.18（4.65×10^{-2}）			368（695）
2316（4200）	1.04（4.09×10^{-2}）			332（630）
1871～1982（3400～3600）	3.8×10^{-1}（1.49×10^{-2}）	5×10^{-4}、2.4×10^{-3}、2×10^{-4}	1.016（0.04）	251（485）
		D. 化学气相沉积材料		
1000（1832）	无数据	$<1.0\times10^{-3}$、$<5\times10^{-4}$、7.6×10^{-3}	1.016（0.04）	180（356）
1400（2552）				190（374）
1800（3272）				200（392）
2200（3992）				210（410）
2500（4532）				260（500）

图 1-4 绘出了粉末冶金、电弧熔炼、电子束熔炼和化学气相沉积材料的代表性数据。

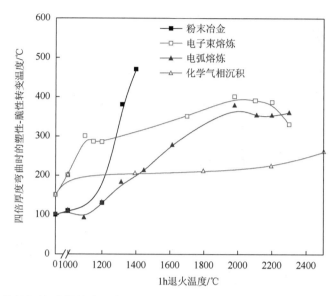

图 1-4 钨的塑性-脆性转变温度（DBTT）（四倍厚度弯曲）与 1h 退火温度的关系

一般来说，粉末冶金和电弧熔炼材料的塑性-脆性转变温度比锻造状态材料的低；而就再结晶状态而言，在各类材料中，粉末冶金材料的塑性-脆性转变温度最高，化学气相沉积材料的最低。

屈服应力 σ_s 随杂质含量的变化关系见图 1-5，从图中可以看到，在单晶或多晶钨中，σ_s 与氧含量的关系不大，而碳则提高 σ_s。氧引起的脆化作用是由于氧在晶界上的偏析，降低了表面能，从而促使晶间破裂。碳引起的脆化作用主要是由于位错与碳化物颗粒之间的相互作用，导致屈服应力的提高。

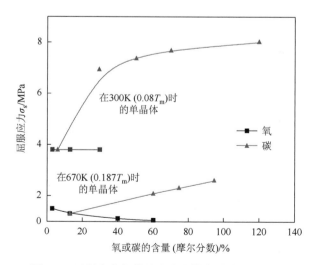

图 1-5 屈服应力与单晶和多晶钨杂质含量的关系

4）抗拉性能

钨的极限抗拉强度、屈服强度、伸长率和断面收缩率与温度的关系分别见图 1-6～图 1-9，电子束熔炼材料的强度最低而延性最好，其强度仅高于化学气相沉积材料，气相沉积钨的延性最差，粉末冶金钨和电弧熔炼钨的强度高但延性不好。

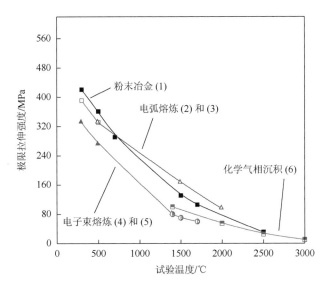

图 1-6 钨的极限抗拉强度与温度的关系

1-棒，直径 2.36mm，在 2400℃退火 0.5h；2-棒，直径 4.06mm，在 1982℃退火 1h；3-棒，直径 4.06mm，在 1648℃退火 1h；4-棒，直径 4.06mm，在 1371℃退火 1h；5-棒，直径 4.06mm，在 1982℃退火 1h；6-棒，直径 4.06mm，在 2845℃退火 1h

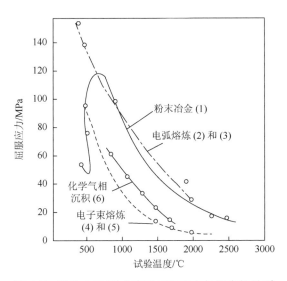

图 1-7 钨的 0.2%残余变形屈服应力与温度的关系

工业化生产的拉制钨丝，包括掺杂钨丝和掺氧化钍的钨丝以及 W-3Re 丝的极限抗拉强度见图 1-10。在高温下，掺杂钨丝或掺氧化钍的钨丝强度有所提高，加工态（图 1-10）钨的强度比退火态（图 1-6）的高。

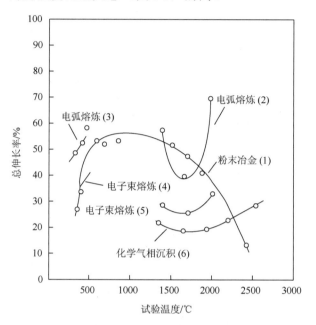

图 1-8　钨的总伸长率与试验温度的关系

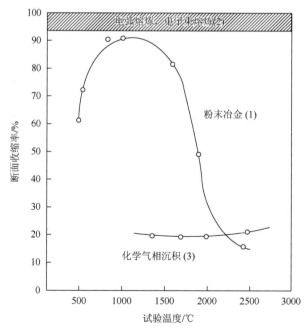

图 1-9　钨的断面收缩率与试验温度的关系

1-棒，直径 2.36mm，在 2400℃退火 1h；2-棒，直径 4.06mm，在 1982℃退火 1h；3-棒，直径 4.06mm，在 2845℃退火 1h

应变速率对钨抗拉性能的影响比对普通金属（如铜、铝或铁）大。在 525K 下应

变速率对屈服应力影响的关系式为

$$\ln \sigma_y = \tau \ln \dot{\varepsilon}$$

式中，τ 为应变速率指数；$\dot{\varepsilon}$ 为所施加的应变速率。屈服应力对应于应变速率的关系曲线见图 1-11，并已发现 τ 值为 0.15。

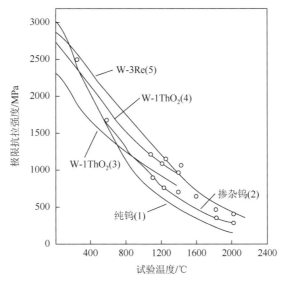

图 1-10　工业化生产的钨丝极限抗拉强度与试验温度的关系
1-直径 0.71mm；2-直径 0.2mm；3-直径 0.2mm；4-直径 0.38mm；5-直径 0.2mm

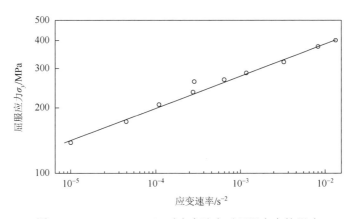

图 1-11　525K（$0.14T_n$）时应变速率对屈服应力的影响

钨的晶粒大小对屈服应力的影响，遵循 Hall-Petch 关系：

$$\sigma_y = \sigma_0 + k_y d^{-1/2}$$

式中，σ_y 为单晶体的屈服应力；d 为平均晶粒直径；k_y 为使屈服通过多晶材料进行传播的应力量度。温度为 500K 时钨的屈服应力随晶粒大小变化的关系见图 1-12。

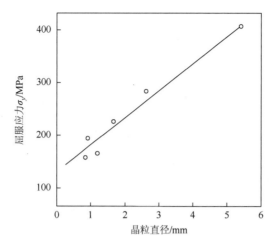

图 1-12　500K 时钨的屈服应力随晶粒大小的变化

钨中晶体的滑移与温度相关，低温时，〈110〉〈111〉晶向发生滑移，室温下，〈112〉〈111〉晶向也开始滑移，而 1371℃和 2760℃时，除了上述两种形式，还有〈123〉〈111〉晶向的滑移。

晶向对应力-应变曲线的影响见图 1-13，由于上述滑移形式的施密特数对两个方向都相同，所以比例极限 σ_p 对〈100〉〈110〉晶向的晶体也相同。

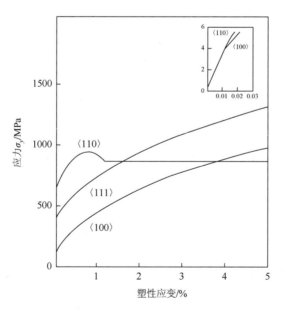

图 1-13　300K 时钨单晶的应力-应变曲线

图 1-14 表示出在三个晶向上位错密度 N 与应变的关系。根据〈110〉晶向晶体异常低的位错倍增率，可以认为，位错可在平行面上滑过长距离而不横切其他位错和激活位错源。

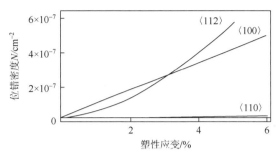

图 1-14　不同晶向的钨单晶位错密度与塑性应变关系

温度对不同晶向的钨单晶体屈服应力 σ_y 的影响见图 1-15，对所有三个晶向而言，除晶向关系外还可以注意到温度与 σ_y 存在明显的关系。

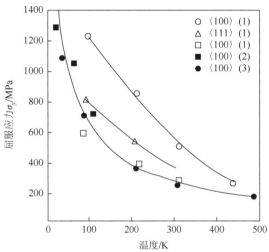

图 1-15　温度对不同晶向钨单晶的屈服应力的影响

1-Argon 和 Maloof；2-Oku 和 Gall；3-Bear 和 Hull

5）抗蠕变性能

由于高温下钨的抗拉强度和抗蠕变强度超过任何其他金属，所以这些性能是非常有意义的。从实用角度出发，蠕变行为的研究集中在二次蠕变速率和应力-断裂性能上。

图 1-16 表示不同加工工艺和不同尺寸钨 1h 断裂强度与温度的关系曲线，图 1-17 是钨丝的应力与断裂寿命的关系曲线。在真空中试验时钨的一些应力-断裂寿命数据见图 1-18。钨的二次蠕变速率与应力、温度的函数关系见图 1-19，而二次蠕变速率与温度的关系见图 1-20。

为比较不同方法所致密化的并在不同温度下测试的钨的蠕变强度，给出了温度补偿蠕变速率对所施加应力的函数关系。温度补偿蠕变速率由下式计算：

$$K = \dot{e}\exp(Q/RT)$$

式中，$\dot{e}$ 为稳态蠕变速率；Q 为体积自扩散激活能。Q 值随温度而变化，但对如图 1-16 所示温度范围，取其平均值 647.96kJ/mol。

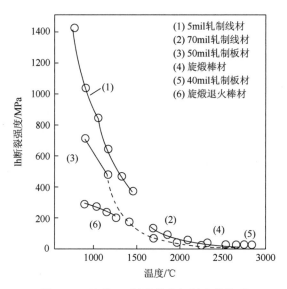

图 1-16　钨的 1h 断裂强度与温度的关系

（1mil=2.54×10⁻⁵m）

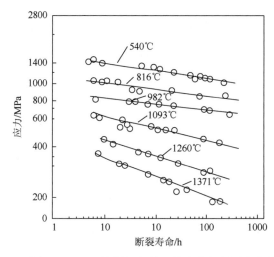

图 1-17　直径 0.127mm 控制状态钨丝的应力与断裂寿命的关系

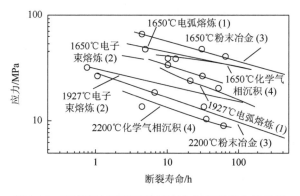

图 1-18　在真空中试验时钨的应力与断裂寿命的关系

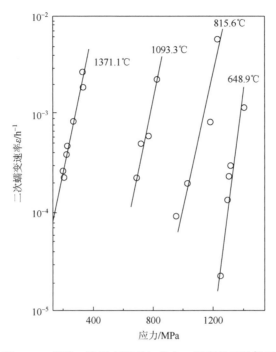

图 1-19 钨的二次蠕变速率与应力、温度的函数关系

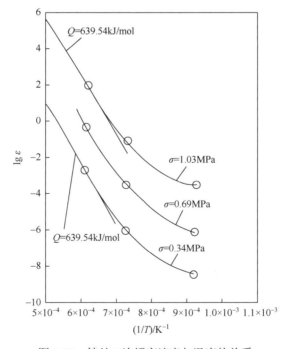

图 1-20 钨丝二次蠕变速率与温度的关系

7 钨的光学性能是什么?

钨不仅可广泛用来制作白炽灯泡的灯丝,而且也可用来制作光学高温辐射温度

计标准温度光源的灯丝。在各种温度下，钨的辐射热和辐射率如表 1-5 所示。

表 1-5　在各种温度下钨的辐射热和辐射率

实际温度		辐射热/(W/cm^2)	用泰勒公式计算的辐射率	实测辐射率
/℃	/K			
3327	3600	327.4	0.344	0.354
2927	3200	197.0	0.331	0.341
2527	2800	108.2	0.311	0.323
2127	2400	53.3	0.283	0.296
1727	2000	22.6	0.249	0.260
1327	1600	7.72	0.298	0.207
927	1200	1.87	0.160	0.143
527	800	0.238	0.105	0.008
127	400	0.0042	0.0424	0.042

8　钨的电磁性能是什么？

1）电阻

钨的电阻随温度变化不大，在 0～300℃，不同的研究者所获得的钨的比电阻值彼此接近。表 1-6 为退火钨丝电阻随温度变化的数据。

表 1-6　温度对钨电阻的影响

温度/℃	20	400	800	1200	1600	1800
电阻/(μΩ·cm)	5.5	15.5	27	39	52.5	59
温度/℃	2000	2200	2400	2600	2800	3000
电阻/(μΩ·cm)	66	73	80.5	88	95	102

钨丝的比电阻随变形程度的增加（直径的减小）而增加。退火后，电阻降到恒定值。

2）超导性

钨超导状态的转变温度为 0.05K。

3）热电性

钨热电势高。例如，钨-铂偶在 480℃、780℃和 1200℃下，热电势相应为 10mV、20 mV 和 40mV。钨-铂偶中，钨是带正电的。

在 1200～2000℃，钨-铂热电偶的热电势与温度的关系接近于直线，这使得其有可能用来测量高温（保护丝不氧化的情况下）。钨-铼热电偶也可用于高温测量，W-5%Re 或 W-20%Re 合金热电偶的热电势，在 0～2500℃随温度升高直线增长。2000℃时，热电势为 35mV。

9 钨有哪些主要用途？

钨因其独特的性能和在广泛领域内难以替代的用途而成为一种具有特殊战略意义的稀有金属矿产资源，是我国在国际上最具有优势地位的矿产资源之一。钨及其合金广泛应用于钢铁工业、装备制造业、信息产业、电力电气、石油化工、航天航空及军工等诸多领域。以碳化钨为主要原料的硬质合金刀片及工具被誉为"工业牙齿"，是现代工业、国防及高新技术应用中极为重要的功能材料，在我国国民经济中具有十分重要的地位。

钨以纯金属和合金形式在现代科学技术中得到广泛应用，其中最重要的有用于钢铁的合金剂，碳化钨基硬质合金，耐磨、耐蚀和耐高温合金。

钨钢主要用作工具钢。其中最重要的是高速切削钢，其成分（质量分数）为：W 8%～20%，Cr 2%～7%，V 0～2.5%，Co 1%～5%，C 0.5%～1.0%。除了高速切削钢，还有其他钨铬工具钢（含 W 1%～6%，Cr 0.4%～2%）。此外，钨还是磁钢的成分。

很早得到广泛应用的耐磨、耐蚀和耐高温的司太立特合金，含 W 13%～15%，Cr 23%～35%，Co 45%～65%，C 0.5%～2.7%。该合金用来堆焊航空发动机气门、气轮机的桨叶、挖掘机和犁等严重受磨损的机械部件表面。

钨在碳化钨基硬质合金方面的用量最大，60%以上的钨用来生产硬质合金。硬质合金有一系列优异性能，其中主要是具有很高的硬度和耐磨性，特别是在较高温度下仍有较高的硬度。

主要用来加工钢铁的硬质合金，除了碳化钨，还含有钛、铪和钽的碳化物。硬质合金是用粉末冶金的方法生产的，可以用来制造切削和钻探工具、拉丝模及其他要求在 100～1100℃仍具有高耐磨性能和硬度的器件。

除了烧结硬质合金，对某些用途（如钻探工具和拉丝模）还使用铸造碳化钨。

钨在触头合金和高比例合金上也有一定数量的运用。钨与铜（10%～40%）或银（20%～40%）用粉末冶金方法制造的合金，将铜和银的良好导热性和导电性与钨的耐磨性集于一身，适合于制作刀形开关和其他开关的工作部件，以及点焊用的电极等。高比例合金为含 W 90%～95%、Ni 1%～5%和 Cu 1%～4%的钨镍铜合金，或以铁代铜的钨镍铁合金。这些合金用于制造回转罗盘的转子、飞机和火箭方向舵的平衡锤、防辐射屏和保存放射性物质的容器等。

金属钨以棒材、丝材、板材和各种锻造件的形式用于电子管、无线电和 X 射线技术中。钨是生产白炽灯丝的最好材料，钨丝的工作温度高，保证了高发光率，而其挥发速度小又为高使用寿命提供了条件。钨丝和钨棒还用来制作高温炉的加热元件。钨片用于电子管，钨坩埚用于玻璃工业，钨材也可以用来制作飞船和人造卫星的某些零件。

总之，钨以合金元素、碳化钨、金属材料或化合物形态用于钢铁、机械、矿山、石油、火箭、宇航、电子、核能、军工及轻工等工业中，是国民经济各部门及尖端技术不可缺少的重要材料。

第二节　钨精矿及其冶炼

10　钨精矿质量标准是什么？

钨矿石经选矿一般要求获得含 WO_3 65%以上、杂质符合产品规范要求的钨精矿，同时也会产出部分难选、低品位的中矿（含 15%～30% WO_3）。后者供化学选矿处理。国外除了生产高档产品，为保证获得高的回收率常采用将低档精矿再化学处理，生产合成白钨或仲钨酸铵等产品。

钨冶炼对钨精矿质量因不同的冶炼方法和不同的目的产品有着不同的要求。例如，供火法冶炼制钨铁和合金钢的钨精矿，对硫、磷和重金属元素的含量要求很严，因为这些有害元素在冶炼过程若不能脱除，就会使炼成的钨钢产生热脆或冷脆而降低力学性能；而对钼的含量则可不限，因钼是钢的有益元素；在黑钨精矿中所含的白钨也无需严格分开。但是，当黑钨精矿用作水冶的原料时，先加工成仲钨酸铵、钨氧等中间产品，再制成硬质合金和钨材制品。为提高钨精矿的分解率，则要求黑钨、白钨分开，对黑钨精矿要求控制钙（白钨）的含量；对白钨精矿要求控制锰（黑钨矿）的含量。再如，当制作钨丝、钨材时，对钼就需要提出严格要求，因微量的钼会影响电灯或电子管灯丝的寿命及效能。

上述情况表明，冶炼对钨精矿的质量要求是非常高的。但国际上并无统一标准，通常是冶炼厂根据自己所具备的工艺条件，来选购所需的钨精矿。表 1-7 为我国拟定的钨精矿质量标准，同时还规定可根据用户需要和资源特点，自行制定企业标准，以创"名牌产品"，这可使生产单位和使用单位在执行标准时有灵活性。

钨矿石中主要有害杂质为磷、硫、砷、锡、铜、钼等。实践中根据不同用途在钨精矿中对它们的允许含量均有严格要求。

11　钨精矿冶炼的方法和主要工艺是什么？

工业生产上，从钨精矿到最终金属钨产品生产的全过程可大致分成两个阶段：第一阶段，从钨精矿中生产 WO_3；第二阶段，还原 WO_3 生产钨粉，进而生产致密金属钨。

在第一阶段，处理钨精矿并最终制取 WO_3 的工艺流程很多。钨精矿的具体处理工艺主要是由原料类别（是钨锰铁精矿还是钨酸钙精矿）、生产规模、对三氧化钨纯度和物理性能（如粉末颗粒度）的技术要求，以及一系列影响原料加工成本的具体条件等决定的。钨精矿的各种处理工艺流程，一般都可以分为以下几个阶段：精矿分解、制备工业钨酸、除杂、得到所需产品。一般根据提取方法，钨精矿处理工艺流程又可分为两类。

（1）钨精矿的苏打烧结-水洗浸出法，或在高压釜中用碱液处理钨精矿（即加压碱浸法），有时还用 NaOH 溶液分解钨锰铁矿精矿。

表 1-7 钨精矿质量标准

品种	WO₃含量(不小于)/%	杂质含量(不大于)/%														用途举例
		S	P	As	Mo	Ca	Mn	Cu	Sn	SiO₂	Fe	Sb	Bi	Pb	Zn	
黑钨特 I -3	70	0.2	0.02	0.06	—	3.0	—	0.04	0.08	4	—	0.04	0.04	0.04	—	
黑钨特 I -2	70	0.4	0.03	0.08	—	4.0	—	0.05	0.10	5	—	0.05	0.05	0.05	—	优质钨钢
黑钨特 I -1	68	0.5	0.04	0.10	—	5.0	—	0.06	0.15	7	—	0.10	0.10	0.10	—	
黑钨特 II -3	70	0.4	0.03	0.05	0.01	0.3	—	0.15	0.10	3	—	—	—	—	—	优质钨制品、特殊钨材、三氧化钨等
黑钨特 II -2	70	0.5	0.05	0.07	0.015	0.4	—	0.20	0.15	3	—	—	—	—	—	
黑钨特 II -1	68	0.6	0.10	0.10	0.02	0.5	—	0.25	0.20	3	—	—	—	—	—	
白钨特 I -3	72	0.2	0.03	0.02	—	—	0.3	0.01	0.01	1	—	—	0.02	0.01	0.02	合金钢、优质钨铁等
白钨特 I -2	72	0.3	0.03	0.03	—	—	0.4	0.02	0.02	1.5	—	—	0.03	0.02	0.03	
白钨特 I -1	70	0.4	0.03	0.03	—	—	0.5	0.03	0.03	2	—	—	0.03	0.03	0.03	
白钨特 II -3	72	0.4	0.03	0.03	0.01	—	0.3	0.15	0.10	2	2	0.1	—	—	—	优质钨制品、特殊钨材、三氧化钨等
白钨特 II -2	72	0.5	0.06	0.06	0.015	—	0.4	0.20	0.15	3	2	0.1	—	—	—	
白钨特 II -1	70	0.6	0.10	0.10	0.01	—	0.5	0.25	0.20	3	3	0.2	—	—	—	
黑钨一级 I 类	65	0.7	0.05	0.15	—	5	—	0.13	0.2	7.0	—	—	—	—	—	钨铁、硬质合金、触媒、钨材
黑钨一级 II 类	65	0.7	0.10	0.10	0.05	3	—	0.25	0.2	5.0	—	—	—	—	—	
黑钨一级 III 类	65	0.8	P+As=0.22		0.05	1	—	0.35	0.4	3.8	—	—	—	—	—	
黑钨二级	65	0.8	—	0.2	—	5	—	—	0.4	—	—	—	—	—	—	
白钨一级 I 类	65	0.7	0.05	0.15	0.05	—	1.0	0.13	0.20	7.0	—	—	—	—	—	钨铁、硬质合金、触媒、钨材
白钨一级 II 类	65	0.7	0.10	0.10	0.05	—	1.0	0.25	0.20	5.0	—	—	—	—	—	
白钨一级 III 类	65	0.8	0.06	0.20	0.05	—	1.0	0.20	0.20	5.0	—	—	—	—	—	
白钨二级	65	0.8	—	0.20	—	—	1.5	—	0.40	—	—	—	—	—	—	

（2）用酸分解精矿，得到工业钨酸，然后从工业钨酸中清除杂质。

在第一类中，在所有情况下用碱性试剂分解钨精矿都得到钨酸钠水溶液，然后从该溶液中沉淀钨酸或其他钨化合物。

图1-21是钨精矿苏打烧结-水洗浸出的典型工艺流程图。钨精矿经过碱性试剂处理后得到钨酸钠溶液，其中含有硅、磷、砷、钼、硫等杂质，预先从溶液中清除这些杂质，通常就可得到相当纯的钨酸。钨酸钠溶液的处理有两种方法：一种方法是向钨酸钠溶液中加入盐酸直接析出钨酸；另一种方法是先沉淀钨酸钙，随后用酸分解，以制取钨酸。现在又提出对钨酸钠溶液进行萃取处理，随后从有机相中用氨液反萃取，接着将仲钨酸铵从氨液中分离出来，从而使钨酸钠溶液的处理大大简化。不管用哪种方法，钨酸或仲钨酸铵再通过氨法反复净化后，得到纯净的钨酸或仲钨酸铵。最后，对钨酸或仲钨酸铵进行焙烧，得到三氧化钨产品。

在第二阶段中，工业上主要是用氢还原WO_3生产钨粉，因为用碳还原WO_3制得的钨粉还有能使金属变脆和使坯料加工性能变坏的碳化夹杂物。致密金属钨则是用粉末冶金法处理还原后的钨粉得到的，近些年来也有许多人在探索用现代真空熔炼法（如电子束熔炼、电弧熔炼等）生产致密金属钨的可能性。用不同纯度的原料和还原剂，可制得不同纯度的钨粉。钨粉对致密钨的性质影响很大，在钨粉转化为致密金属钨的加工过程中，钨及致密金属钨的性能不仅与钨粉的化学纯度有关，还与钨粉的物理结构（如粉末粒度、形状、分布、堆积度等）有关。

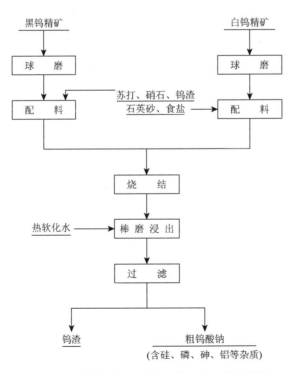

图1-21 苏打烧结-水洗浸出的典型工艺流程图

12 钨冶炼产品的质量标准是什么?

仲钨酸铵（APT）、碳化钨粉化学成分的国家标准分别见表 1-8 和表 1-9。

表 1-8 仲钨酸铵（APT）国家标准（GB/T 10116—2007）

项目		APT-O	APT-1
WO_3 含量（不小于）/%		88.5	88.5
杂质含量（以 WO_3 为基准）（不大于）/%	Al	0.0005	0.0010
	As	0.0010	0.0010
	Bi	0.0001	0.0001
	Ca	0.0010	0.0010
	Cd	0.0010	0.0010
	Co	0.0010	0.0010
	Cr	0.0010	0.0010
	Cu	0.0003	0.0005
	Fe	0.0010	0.0010
	K	0.0010	0.0015
	Mg	0.0005	0.0007
	Mn	0.0005	0.0010
	Mo	0.0020	0.0030
	Na	0.0010	0.0015
	Ni	0.0005	0.0005
	P	0.0007	0.0010
	Pb	0.0001	0.0001
	S	0.0008	0.0010
	Sb	0.0005	0.0010
	Si	0.0010	0.0010
	Sn	0.0002	0.0003
	Ti	0.0010	0.0010
	V	0.0010	0.0010

表 1-9 碳化钨粉的化学成分（GB/T 4295—2008）

主含量 WC	杂质（不大于）/%								
	Al	Ca	Fe*	K	Mg	Mo	Na	S	Si
≥99.8	0.002	0.002	0.02	0.0015	0.002	0.01	0.0015	0.002	0.003

*对于平均粒度不小于 14μm 的粗颗粒碳化钨粉，要求 Fe≤0.05%

　　碳化钨粉的比表面积、费氏平均粒度、氧含量、总碳、游离碳、化合碳应符合表 1-10 的规定。

表 1-10　碳化钨粉的费氏平均粒度范围及各项指标（GB/T 4295—2008）

项目	比表面积/(m²/g)	平均粒度范围/μm	氧含量（不大于）/%	总碳/%	游离碳（不大于）/%	化合碳（不小于）/%
FWC02-04	>2.5	—	0.35	6.20~6.30	0.20	6.07
FWC04-06	1.5~2.5	—	0.30	6.15~6.25	0.15	6.07
FWC06-08	—	≥0.60~0.80	0.20	6.13~6.23	0.12	6.07
FWC08-10	—	>0.80~1.00	0.18	6.08~6.18	0.08	6.07
FWC10-14	—	>1.00~1.40	0.15	6.08~6.18	0.06	6.07
FWC14-18	—	>1.40~1.80	0.15	6.08~6.18	0.06	6.07
FWC18-24	—	>1.80~2.40	0.12	6.08~6.18	0.06	6.07
FWC24-30	—	>2.40~3.00	0.10	6.08~6.18	0.06	6.07
FWC30-40	—	>3.00~4.00	0.08	6.08~6.18	0.06	6.07
FWC40-50	—	>4.00~5.00	0.08	6.08~6.18	0.06	6.07
FWC50-70	—	>5.00~7.00	0.08	6.08~6.18	0.06	6.07
FWC70-100	—	>7.00~10.00	0.05	6.08~6.18	0.06	6.07
FWC100-140	—	>10.00~14.00	0.05	6.08~6.18	0.06	6.07
FWC140-200	—	>14.00~20.00	0.05	6.08~6.18	0.06	6.07
FWC200-260	—	>20.00~26.00	0.05	6.08~6.18	0.06	6.07
FWC260-350	—	>26.00~35.00	0.08	6.08~6.18	0.06	6.07

第二章 钨矿资源

第一节 钨 矿 床

13 钨的地球化学特性是什么？其地质作用行为是什么？

钨是一种分布较广泛的元素，几乎遍见于各类岩石中，但含量较低。通过有关地质作用加以富集才能形成矿床，作为商品矿石开采。钨在地壳中的平均含量为 1.3×10^{-6}，在花岗岩中含量平均为 1.5×10^{-6}。钨在自然界价态主要呈+6 价，W^{6+}半径为 6.8×10^{-9}m。由于 W^{6+}半径小，价态高，具有强极化能力，易形成络阴离子，所以钨主要以络阴离子形式$[WO_4]^{2-}$，与溶液中的 Fe^{2+}、Mn^{2+}、Ca^{2+}等阳离子结合形成黑钨矿或白钨矿沉淀。黑钨矿结晶温度为 320～240℃，白钨矿的结晶温度为 300～200℃。

在表生成岩作用中，由于含钨矿物较稳定，常形成砂矿。但在酸性条件下，含钨矿物可分解，并以 WO_3 形式溶于地表水中，在一定条件下形成某些钨的次生矿物。有时以矿物微粒或离子形式被黏土或铁锰氧化物吸附而集聚于页岩、泥质细砂岩及铁锰矿层中。

近年来在古老的变质岩系中发现有层控型钨矿床和钨的矿源层，说明在变质作用过程中，钨也能发生某种程度的富集。

14 世界钨矿床有哪些类型？

原生钨矿床在成因上与酸性侵入岩有关，常为气液作用的产物。根据成矿条件的不同，钨矿床可分为以下类型：脉/网脉型、夕卡岩型、斑岩型、层控型、沉积型和沉积变质型、浸染型、伟晶岩型、角砾岩性、砂积型、冲积砂矿型、岩筒型、热泉型矿床、卤水/蒸发盐型。多数钨矿石从脉/网脉型、夕卡岩型、斑岩型和层控型矿床中开采出；少量钨矿石从浸染型、角砾岩型、砂积型和冲积砂矿型矿床、岩筒型和伟晶岩型矿床中开采出；但很少从含有钨矿物质的热泉型及卤水/蒸发盐型矿床中回收出钨。

国外已开采的主要矿床类型有夕卡岩白钨矿矿床、石英脉型黑钨矿矿床、斑岩型矿床等。夕卡岩白钨矿矿床是目前世界上最重要的钨矿床。

1）脉/网脉型钨矿床

脉/网脉型钨矿床主要由花岗岩侵入岩接触带中的含钨石英脉以及周围的网脉型钨矿石构成，如俄罗斯的 Verkhne Kayrakty 钨矿。在开采脉/网脉型钨矿床时，可从邻近矿脉的蚀变围岩中开采钨矿石，但此区域能开采出钨矿石的范围通常比较小。一些处在碳酸盐岩围岩中的钨矿层例外，如 Morocoha 钨矿（秘鲁）。此类钨矿主要开采黑钨矿石，但有些黑钨矿床中也混杂着少量的白钨矿石。一些脉/网脉型钨矿中还混有锡、铜、钼和铋等矿物。在网脉型钨矿床中，一系列相互平行或近乎平行的钨矿脉，通常是相互连接的脉和细脉钨矿层。此矿层容易形成适合于大规模开采的席状脉或网脉钨矿床，这类钨矿床可拥有几千万至几亿吨的钨矿石量，但一般品位较低，如 Mount Carbine 钨矿（澳大利亚）。

2）夕卡岩型钨矿床

夕卡岩型矿床是指从岩浆中分泌出来的气体和热水溶液与易起化学反应的围岩发生接触交代而形成的矿床，又称接触交代矿床。矿床主要产生于酸性侵入岩（花岗岩、花岗闪长岩等）与石灰岩或白云岩的接触地带（该地带通常形成夕卡岩）。这类矿床含有大量夕卡岩矿物，如石榴子石、透辉石、硅灰石、钙铁辉石、符山石、绿帘石、方柱石和透闪石，主要金属和非金属矿物有白钨矿、黑钨矿、辉钼矿、锡石、黄铜矿、闪锌矿、方铅矿、辉铋矿、磁铁矿、黄铁矿、磁黄铁矿、毒砂和萤石。主要工业矿物白钨矿，往往呈粒状和浸染状分布于夕卡岩矿石中，一般属于较易选的矿石。有些矿区钨矿物颗粒太细，则较难选，含钨品位从中等到较贫，局部较富。

夕卡岩矿床，按形成夕卡岩的原岩成分，可分为钙夕卡岩型和镁夕卡岩型两类。钙夕卡岩型矿床由交代石灰岩形成，它是夕卡岩矿床中分布最广的一种类型。夕卡岩型钨矿床属于钙夕卡岩型，此为钨矿床主要类型之一，占我国以外储量的半数以上，在我国则次于石英脉型黑钨矿矿床，矿石多以浸染粒状发育于细脉或裂隙以及花岗岩接触带中的碳酸盐岩中，矿体呈似层状、凸镜状、扁豆状、弯曲条带状，大者延长、延深均可达数百米到两千米，小者延长、延深仅数米到数十米。

夕卡岩型钨矿床分布广泛，规模较大，主要在巴西、加拿大、俄罗斯、澳大利亚、中国、韩国、土耳其和美国境内。例如，加拿大的唐斯顿（Tungsten）钨矿床，储量达 $4 \times 10^6 t$，平均 WO_3 含量为 1%～6%；另外，韩国的山塘（Sangdong）矿床也是世界上此类型最大者之一。此外，还有 Mactung 钨矿（加拿大），Tymgauz 钨矿和 Vostok 钨矿（俄罗斯）。在我国，此类矿床规模从小型到巨大型均有。具有代表性的是湖南瑶岗仙钨矿床、湖南新田岭白钨矿床、湖南柿竹园钨（锡铋钼）矿床、江西修水香炉山白钨矿床、甘肃塔尔沟夕卡岩型白钨矿床、黑龙江羊鼻山铁钨矿床、江西宝山钨多金属矿床等。具有重要意义的湖南柿竹园钨（锡铋钼）矿床，属于石英细（网）脉-云英岩-夕卡岩复合型矿床，钨矿化在空间上与夕卡岩体分布基本一致，自下而上为云英岩-夕卡岩钨锡钼铋矿体、夕卡岩钨铋矿体，再向上有大理岩锡铍矿体。深部花岗岩中有云英岩型钨钼铋矿体。矿石中物质组分复杂，经选矿试验，钨、钼、铋等取得了较好的选别效果。湖南（湘南、湘中）是世界夕卡岩钨矿分布最集中的重要地区。尽管目前我国仍以开采石英脉型黑钨矿为主，但夕卡岩型白钨矿未来工业利用价值将超过和取代石英脉型黑钨矿。因此，它是潜在的尚待开发利用的一类矿产资源。

我国夕卡岩钨矿与世界著名夕卡岩钨矿比较，两者主要特征大体相似而又有一些差异。就岩体成分及酸度而言，世界上巨型夕卡岩钨矿床以偏中性的石英二长岩-花岗闪长岩为主；我国钨矿床岩体酸度略大，以花岗岩（S 型花岗岩）为主。相对而言，世界著名夕卡岩钨矿床形成深度、压力比我国同类矿床略大，品位略富，形成温度可能也稍高。这可能与各自矿床成矿地质条件与产出地质环境相关。

3）斑岩型钨矿床

斑岩型钨矿床的形成主要与火山-次火山作用晚期的弱酸性钙碱系列的浅成-超浅成侵入物有成因联系，主要由近地表矿物层到次火山长英质花岗岩矿物层之间的侵入物、附近巨大的等轴状矿物带到不规则状的含钨脉以及细脉的网脉状矿带组成。斑岩型钨矿床也可能出现在不规则的简状矿化角砾岩带中。与钨矿化有关的斑岩主要是花岗闪长斑岩、二长花斑岩、花岗斑岩、石英斑岩等。矿石矿物主要有白钨矿、黑钨矿、辉钼矿，其次有黄铜矿、闪锌矿、辉铋矿、黄铁矿等。

典型的斑岩型钨矿床宽几百米，厚几十至几百米，矿石量有几千万至几亿吨。因为其规模大，斑岩型矿床是重要的钨资源。但这类矿床目前尚不多见，较知名者为加拿大东部的 Mountt Pleasant 钨矿床、Logtune 矿床（加拿大）、我国广东莲花山钨矿床和江西阳储岭钨矿床等，这些矿床都混合钼、锡和其他金属矿石。在有些矿床中，黑钨矿和白钨矿可能会混合出现。少量的钨矿物也可能混在斑岩型钼矿和斑岩型锡矿床中，如 Climax 矿（美国）和 Chorolque 矿（玻利维亚）。

4）层控型钨矿床

层控型矿床是指产于一定的地层中，并受一定地层层位限制的矿床。狭义上是指由沉积、火山沉积作用初步形成的矿胚层或矿源层，经后期改造富集或再造叠加而形成的矿床；而广义上是指不管其成因如何，受地层或层状岩石控制的矿床。此类矿床在一定区域范围内，一般产于一个或几个特定的地层单元内，矿体常与一定的沉积、火山-沉积岩类相组合，明显受其层位、岩性和岩相控制，其产状与地层产状基本一致，以缓倾斜的较多。含矿层由一层到数层，稳定、厚大、分布范围广，但其中的工业矿体规模差别很大，大矿体长达数千米，小矿体长不足百米。层控型钨矿床开采出的钨矿石仅占世界产量的很少部分。多数层控型矿床呈现出后期活化和再富集，规模从一百万至几千万吨的矿石量不等，如 Mttersill 钨矿（奥地利）。矿床规模多属于大、中型。

层控型钨矿床的控矿地层已知的有元古代碎屑沉积夹火山岩和碳酸盐岩，寒武系浅变质泥砂质岩夹碳酸盐岩，或炭质板岩夹薄层硅质岩，以及泥盆系石炭系的砂页岩和碳酸盐岩或火山碎屑岩等。由于后期的地质改造作用，富集成矿。有些受侵入物影响，可见夕卡岩化。白钨矿、黑钨矿等一般呈浸染状，少数呈粉粒碎屑状。矿体中有时还含有钨石英细（网）脉和含钨石英大脉，矿物共生组合一般比较简单，较常见的有白钨矿（黑钨矿）-硫化物，另外还有白钨矿-辉锑矿-自然金等，品位较贫到中等。矿物颗粒较粗时，为较易选的矿石，呈浸染状的细粒矿物较多时，为难选矿石。如湖南沃溪、广西大明山、云南南秧田等矿床。这类矿床目前只有达到中等品位，且矿石较易选的才被开采利用。

5）沉积型和沉积变质型钨矿床

此类矿层的分布常与黑色页岩有关，产在不同岩层的接触带中，特别是黑色页岩与大理岩的接触带，可再分为两种类型。

（1）片麻岩（混合岩）系中的似夕卡岩型钨矿床：含矿岩系经常存于大型花岗岩侵入物或花岗片麻岩穹窿，白钨矿化即在穹窿的边缘，矿脉内含量可高达百分之几。在挪威中北部 Binda1 地区和江西永平的钨矿床即为此例。

（2）碳酸岩盐页岩系中白钨矿-硫化物矿床：矿床发育在火山夕质碳酸盐岩中，含矿层是夕质灰岩和含石墨的石英岩，钨矿化常与 Ca、Sb、Mo、Fe 等金属硫化物共生。奥地利 Weiselburg 白钨矿床、江西岗鼓山钨铜矿床均为此例。

6）浸染型钨矿床

浸染型钨矿床主要产于花岗岩或花岗闪长斑岩、石英斑岩中，有些还产于附近的围岩中；密集和微细的含钨石英脉往往网络交织或互相穿切，其中也有部分较大的含钨石英脉，多为大片的"面型"矿化。矿体呈巨大块体，少数呈带状分布；矿石中普遍含白钨矿，大多数矿床中还含有黑钨矿；伴生矿物有辉钼矿、辉铋矿、方铅矿、闪锌矿等，有些还伴生有铌钽铁矿、细晶石、锡石。围岩蚀变较复杂，往往面型蚀变（如钾化、钠化、石英绢云母化等）与线型蚀变（如云英岩化、硅化等）相重叠。

金属矿物沿细脉分布较多，部分浸染在脉侧的岩石中，一般含钨石英细脉越多、越密集，岩石蚀变越强烈，品位越富，就整个矿床来说，品位多属于中等到较贫，分布一般较均匀，规模较大，由大、中型到巨大型。矿石有较易选的，也有较难选的。此类矿床开采量较小，浸染型矿床包含几千万吨含矿物质，但品位较低，平均品位为百分之零点几。资源紧缺时可以利用高科技设备从一些浸染型锡矿中回收钨。浸染型钨矿床有 Zaaiplaats 矿（南非）、Torrington 矿（澳大利亚）、Krasno 地区的 HUB 矿（捷克共和国）。

7）伟晶岩型钨矿床

伟晶岩型矿床由伟晶岩中有用组分富集并具有经济价值时形成。与一定类型的火成岩有关，主要产于花岗岩类岩石中，是在岩浆活动晚期，由富含挥发分的残余岩浆经结晶作用及以后的交代作用形成的。伟晶岩脉大多产在火成岩体顶部及围岩的裂隙中，往往成群出现。多数伟晶岩呈脉状或透镜状，但也有呈巢状和筒状的。伟晶岩脉大小不一，长几米到几十米的最多，其分布、形状和产状均受其容矿（岩）构造的控制。例如，产于剪性构造中的伟晶岩多呈形态规则、延伸较大的岩脉，产于张性构造中的伟晶岩则常呈延伸较小的凸镜体。岩体形状和产状对成矿有影响，规则、近直立的岩体其内部带多呈对称状分布，凸镜状、囊状岩体或岩体膨大部位有利于分异和成矿。伟晶岩型钨矿床为钨矿稀缺品种，成矿机遇很少，开采量也小，如 Okbang 钨矿（韩国）。

8）角砾岩型钨矿床

根据著名地质学家 Laznika 的观点，角砾岩是独立于三大岩类之外的一种特殊岩石类型：它是在早期岩石的基础上，由特定的成岩机制形成的一类岩石（二次成岩）。角砾岩主要为围岩和岩浆岩碎块，这些碎块形成很多脉/网脉型和斑岩型矿床的混合部分。胶结物为与角砾岩同成分的岩石碎屑、晶屑和热液矿物。隐爆角砾岩是角砾岩的一种特殊类型，一般指由岩浆隐蔽爆破作用形成的在成因上相互联系而又各具特色的套岩石组合。在斑岩型矿区和矿带内常有含矿爆破角砾岩伴生，常呈柱状、筒状、脉状和不规则状,形成了与其他矿床类型独立的矿床。其矿石成分主要是黑钨矿、辉钼矿,其次有黄铁矿、黄铜矿、闪锌矿等,矿化作用常是交代胶结物或直接以胶结物形式存在。矿体主要产在爆破砾岩体内,也有产在角砾岩体围岩构造裂隙中,形成钨矿脉。角砾岩体内的矿常分布在角砾岩体上部及接触带附近。这类矿床品位一般较富,并有其他元素伴生,但规模较小,多为中小型富矿。例如,江西的胎子崄和李公岭,矿石矿物主要是黑钨矿;Sonora 角砾岩筒状型钨矿(墨西哥)的钨(白钨矿形式)是与铜、钼矿共生的。

9)砂积型钨矿床

砂积型钨矿床由白钨矿或钨锰铁矿的沉积矿物质组成,这些矿物质存在于冲积物、残积物中,有时存在于海底沉积物里,由于风化作用和侵蚀作用从含钨原岩矿床演变产生钨矿层,并与原钨矿床有些轻微位移。

10)冲积砂矿型钨矿床

冲积砂矿型钨矿床较大,构成白钨矿或锰铁矿的沉积细粒状含钨物质,如 Heinze Basin 矿床(缅甸)、Dzhida 矿床(俄罗斯),但大多数冲积砂矿型钨矿较小。

11)岩筒型钨矿床

岩筒型钨矿床处在花岗岩侵入岩边缘区域,矿层从几近完美的圆柱形到不规则的、拉长的、球状石英块不等,存在于花岗岩侵入岩中。黑钨矿物与钼矿物和天然铋物混在一起,不规则地分布于富矿脉或分布于富矿囊里。但这种矿床较小,如 Wofram Camp 钨矿(澳大利亚昆士兰)。

12)热泉型钨矿床

含钙质凝灰岩或钙质泉华的热泉型矿床中存在大量钨矿物质,热泉型矿床通常与基岩型钨矿床共生,通过地下水热循环形成,这类矿床较小。但这类热泉型含钨矿层代表着未来的一个重要的钨资源供应源,如 Golconda 矿(美国内华达)与 Llincia 矿(玻利维亚)。

13)卤水/蒸发盐型钨矿床

此类矿床资源稀少,在我国尚未发现,但在国外也是一个重要的资源供应源,一般存在于湖水中,如加利福尼亚州的瑟尔斯湖矿床。

15 我国钨矿床有哪些类型?

我国钨矿资源丰富,常见的主要有四种类型。

(1)石英大脉型钨矿床。产于花岗岩及其围岩——浅变质砂页岩的接触带内外。矿体为大脉,但往往有分支复合、尖灭再现的现象。含钨品位多数为中等的富矿。金属矿物主要有黑钨矿、白钨矿、锡石、辉钼矿等,如江西西华山和大吉山等矿。

(2)石英细脉带型钨矿床。这类矿床由比较密集的石英细脉或网脉组成脉带,其中并有个别大脉。沿垂直方向,上部的石英细脉带向下往往递变为大脉。它们的产状和矿物成分与石英大脉型钨矿床相似。矿床规模多为大、中型,如江西漂塘和上坪等矿。

（3）石英细脉浸染型钨矿床。产于花岗斑岩、花岗闪长斑岩、石英斑岩及其附近围岩中。矿体为密集分布的含钨石英细脉，相互交织穿插，形成规则或不规则的网络，有时夹有石英大脉。矿石普遍含白钨矿，大多数也含黑钨矿，伴生辉钼矿等，矿石品位从中等到较贫，矿床规模多为大、中型或特大型，如福建行洛坑、广东莲花山、江西大吉山 69 矿床。

（4）夕卡岩型钨矿床。产于花岗岩类岩体与碳酸盐岩或部分含钙碎屑岩的接触带及其附近。矿体呈透镜状、条带状。一般品位中等。矿石矿物主要为白钨矿、黑钨矿、辉钼矿，如湖南柿竹园、江西宝山等矿。

16　评价钨矿床的工业指标有哪些？

我国钨矿床的一般工业指标见表 2-1。WO$_3$ 计的金属储量大于 5×10^4t 的矿床为大型矿床。

表 2-1　我国钨矿床的一般工业指标（DZ/T 0201—2002）

项目	要求	备注
边界品位（WO$_3$）/%	0.06～0.1	坑采厚度小于 0.8m 时
最低工业品位（WO$_3$）/%	0.12～0.20	应考虑米百分值计算
可采厚度/m	≥1～2	
夹石剔除厚度/m	≥2～5	

17　世界钨矿资源概况及其储量如何？

世界上有三十多个国家和地区生产钨。我国是世界上钨资源最丰富的国家，其储量、产量和产品销售量均居世界之首。

世界钨储量集中在中国、加拿大、俄罗斯和美国，占世界总储量的 76%。据美国地质调查局 2009 年公布的世界钨矿储量，中国是钨矿储量最大的国家，加拿大、俄罗斯和美国分别位居第二、第三和第四，见表 2-2。其他具有重大资源潜力的国家有澳大利亚、奥地利、玻利维亚、巴西、缅甸、哈萨克斯坦、朝鲜、韩国、葡萄牙、西班牙、土耳其、塔吉克斯坦、乌兹别克斯坦、土库曼斯坦和泰国等。

表 2-2　2013 年世界钨储量（钨含量）分布

国家或地区	储量/$\times 10^4$t	储量基础/$\times 10^4$t	位次
中国	180.00	420.00	1
加拿大	26.00	49.00	2
俄罗斯	25.00	42.00	3
美国	14.00	20.00	4

续表

国家或地区	储量/×10^4t	储量基础/×10^4t	位次
玻利维亚	5.30	10.00	5
朝鲜	—	3.50	6
奥地利	1.00	1.50	7
葡萄牙	0.47	6.20	8
其他国家	44.00	75.00	
全球	295.77	627.20	

国外主要产钨国有加拿大、俄罗斯、韩国、玻利维亚、澳大利亚、美国和葡萄牙等国。其中加拿大和俄罗斯分别占世界钨储量的13%左右，美国约占7%，玻利维亚和韩国各占3%左右，其他有钨资源的国家还有泰国、希腊和奥地利等国。

18 我国的钨矿资源概况如何？

钨在地壳中是稀少元素，但我国得天独厚，钨储量位居世界第一，同时也是最大的钨生产国和钨消费国。我国钨矿生产集中度较高。目前，我国钨精矿产量最多的省份是江西和湖南，前者以黑钨矿为主，后者以白钨矿为主。其次为河南，以白钨矿为主。总的来说，国外主要开发利用白钨矿，而我国主要开采黑钨矿资源，产量一度占钨矿年产量的90%以上。经过长年开采，我国黑钨矿资源逐年减少，而随着选冶技术的发展，白钨矿资源的开发利用已逐步发展起来。近几年我国钨矿资源储量情况见表2-3。

表2-3　近几年我国钨资源储量 （单位：×10^4t）

年份	基础储量	资源储量	新增查明资源储量
2014	—	—	33.7
2013	234.9	701.4	17.4
2012	233.78	696.9	84.1
2011	156.7	620.4	47.1
2010	220.8	591	—

我国有地质记录的钨矿产地至少1199处，其中探明有资源储量的矿床408个，包括超大型钨矿6处（江西大湖塘钨矿、湖南柿竹园钨矿、河南三道庄钼钨矿、湖南新田岭钨矿、福建行洛坑钨矿、湖南杨林坳钨矿）、大型钨矿33处、中型78处。上述39个大型及大型以上矿床的钨储量占累计探明资源储量的68.53%；中型钨矿78个，占累计探明资源储量的24.16%。另有小型钨矿295个，矿点879个，两者数量虽多，占矿床总数的72.13%（表2-4），但仅占累计探明资源储量的7.3%。由此可见，超大型、大型、中型钨矿床在我国钨矿业中起主导作用。

表 2-4 我国主要省份钨矿规模与储量情况

省份	探明资源量/×10⁴t	矿产地数/个	规模				
			超大型	大型	中型	小型	矿点
湖南	207.25	148	3	4	16	30	95
江西	194.61	393	1	13	22	68	290
广东	71.44	221	—	1	8	83	129
河南	60.86	6	1	1	1	3	—
广西	39.71	128	—	4	10	22	92
福建	36.79	107	1	1	—	6	99
甘肃	32.78	33	—	3	1	8	21
西藏	30.63	9	—	—	1	2	6
云南	22.05	28	—	3	3	13	9
内蒙古	20.41	35	—	—	3	11	21
黑龙江	19.9	19	—	2	1	8	8
吉林	10.6	4	—	—	—	3	1
湖北	8.62	14	—	—	2	4	8
安徽	6.31	44	—	1	6	10	27
总计	761.96	1189	6	33	74	271	806

第二节 钨 矿 石

19 我国钨矿资源储量的主矿区有哪些？

我国的黑钨矿和白钨矿资源储量主要矿区分布分别见表 2-5 和表 2-6。

表 2-5 我国黑钨矿资源储量主要矿区

矿区	储量/t	基础储量/t	资源储量/t	矿石品位/%	矿产特征
广西武鸣大明山	0	0	152187	0.236	单一矿
福建行洛坑	71606	119344	143853	0.233	黑白钨
甘肃塔尔沟	2392	5436	129075	0.736	黑白钨
江西下桐岭	42661	63369	119801	0.225	主要矿种
广东锯板坑	0	93514	95239	0.63	主要矿种
江西漂塘	64473	81026	81026	0.203	共生
广西珊瑚长营岭	0	66703	66703	1.09	主要矿种
江西全海县大吉山	36731	42409	50481	1.898	主要矿种
江西阳储岭	0	0	49721	0.2	主要矿种
江西武宁大湖塘	0	39354	39354	0.165	共生
湖南瑶岗仙	16152	23074	35579	1.269	主要矿种
江西崇义新安子	25942	30169	30169	1.307	共生
合计	259957	564398	993188		

表 2-6　我国白钨矿资源储量主要矿区

矿区	储量/t	基础储量/t	资源储量/t	矿石品位/%	矿产特征
湖南郴州柿竹园	423056	560272	715646	0.344	共生
河南栾川三道庄	156397	284358	422851	0.117	伴生
湖南郴州新田岭	0	303073	320477	0.37	伴生
湖南衡南川口杨林坳	75280	98864	292667	0.46	单一
湖南宜章县瑶岗仙	0	204446	224056	0.276	主要矿种
江西修水县香炉山	128640	169291	201455	0.741	主要矿种
福建清流县行洛坑	74570	124284	151780	0.233	黑白钨
河南栾川县南泥湖	0	0	141820	0.103	伴生
黑龙江逊克县翠宏山	13345	17793	122186	—	伴生
广东曲江县大宝山	0	0	106181	—	伴生
湖南桂阳县黄沙坪	0	0	103000	0.254	伴生
江西铅山县水平天排山	0	0	102712	0.0793	伴生
合计	871288	1722381	2904831		

20　钨矿石有哪些类型？

钨矿石是指含有钨元素或钨化合物的矿石。钨矿石能经过选矿成为含钨品位较高的钨精矿或者说是钨矿砂，钨精矿再经过冶炼提成，才能成为精钨及钨制品。

钨矿石按钨矿物类别一般分为黑钨矿石类和白钨矿石类，按矿物结晶性质可分为粗粒嵌布与细粒嵌布、均匀分布与不均匀分布等，这些分类与钨的选矿技术有着密切关系。

钨矿石按钨矿物类别一般分为黑钨矿（包括钨锰铁矿、钨锰矿、钨铁矿）类及白钨矿（钨酸钙）类，各类钨矿常含有多种伴生矿物。

钨矿石的含钨量一般是很低的。原矿石中含三氧化钨（WO_3）达 1%以上时，一般称为富矿；如伴生有用矿物，虽含钨品位低，仍有开采价值。

21　钨矿石的工业要求是什么？

钨矿石工业要求（或称钨矿产工业要求），包括矿床边界品位、工业品位、可采厚度和夹石剔除厚度，对各类型矿床均有不同指标（表 2-7）；典型矿床工业要求实例见表 2-8。

表 2-7　钨矿石一般工业要求

矿床类型　工业指标　项目	石英大脉型	石英细脉型	石英细脉浸染型	层控型	夕卡岩型
边界品位 (WO_3)/%	0.08～0.10	0.10	0.10	0.10	0.08～0.10
边界米百分值	0.064～0.08				
工业品位 (WO_3)/%	0.12～0.15	0.15～0.20	0.15～0.20	0.15～0.20	0.15
米百分值	0.096～0.12				

表 2-8　钨矿床工业要求实例

矿床类型	边界品位(WO₃)/%	工业品位(WO₃)/%	可采厚度/m	夹石剔除厚度/m
江西大吉山石英大脉型钨矿床	0.1 边界米百分值 0.08	0.15 最低米百分值 0.12	0.8	—
江西盘古山石英大脉型钨矿床	0.08 边界米百分值 0.05	0.12 最低米百分值 0.08	0.8	—
江西上坪石英细脉带型钨矿床	0.1	0.15	1	—
福建行洛坑石英细脉浸染型钨矿床	0.1	0.15	2	5
广东莲花山石英细脉浸染型钨矿床	0.12	0.18	1	2
湖南柿竹园石英细（网）脉-云英岩-夕卡岩型钨多金属矿床	0.10 伴生组分： Mo 0.01 Bi 0.04	0.15 0.04 0.07	2 —	4 —

22　我国钨矿资源特点是什么？

我国钨矿资源丰富，著称世界，具有如下七个特点。

（1）资源丰富，矿床类型较全，成矿作用多样，为我国的优势矿种。

（2）资源分布广，但资源相对集中，大、中型矿区占有储量多。

（3）黑钨矿储量少，白钨矿储量大，白钨矿开发利用将逐渐增加。

（4）富矿少，贫矿多，品位低，开采成本高。

（5）共、伴生的钨矿床多，而单一的钨矿床少，混合矿开采困难。

（6）伴生在其他矿床中的钨储量可观。

（7）钨矿中共、伴生组分多，综合利用价值大。

23　钨矿中常见的伴生组分有哪些？

钨矿床伴生组分通常有锡、钼、铋、铜、铅、锌、锑、金、银、钴、铍、锂、铌、钽、稀土、硫、磷、砷、压电水晶、熔炼水晶、萤石等。在这些伴生组分中，有许多是非常有价值的矿物，如钼、铋、铜等硫化矿物，它们在矿石中的含量虽然相当低（万分之几），但由于具有较高的密度，在钨重选过程中常伴随钨一同进入钨粗精矿，含量得到富集，若通过进一步处理，就可获得混合硫化矿产品。

24　钨矿伴生元素的综合评价标准是什么？

其中，硫、磷、砷、钼、钙、锰、铜、锡、硅、铁、锑、铋、铅、锌等是钨的冶炼工艺和钨制品的有害杂质，对各类钨精矿产品所含的这些有害杂质，国家已制定行业标准，即 YS/T 231—2015。因此，这些有害组分要经过选冶技术途径富集，综合回收，变害为益，变废为宝，综合利用。当钨矿床中伴生组分达到如表 2-9 所示的含量时，应注意综合评价。

表 2-9 钨矿床伴生组分综合评价参考表

组分	Cu	Pb	Zn	Sn	Mo	Bi	Sb	Co	BeO	LiO_2
含量/%	0.05	0.2	0.5	0.03	0.01	0.03	0.5	0.01	0.03	0.3
组分	Ta_2O_5	Nb_2O_5	Tr_2O_3	Ga	Ge	Cd	In	S	Au（g/t）	Ag（g/t）
含量/%	0.01	0.02	0.03	0.001	0.001	0.002	0.001	4	0.1	1

第三节 钨 矿 物

25 常见钨矿物种类有哪些？

矿物是在地壳中经过自然的物理化学作用与生物化学作用后，所产生的具有固定化学组成和物理化学性质的自然元素或天然化合物。矿物是岩石和矿石的组成部分。

自然界已发现的钨矿物有 20 多种，但具有工业价值的钨矿物仅有黑钨矿和白钨矿。

黑钨矿主要包括三种矿物，即钨锰矿（$MnWO_4$，含 WO_3 76.6%）、钨铁矿（$FeWO_4$，含 WO_3 76.3%）和钨锰铁矿（$(Fe, Mn)WO_4$，含 WO_3 76.5%）。通常钨锰矿中含少量铁，钨铁矿中含少量锰。当矿物中 $\omega(FeWO_4)$：$\omega(MnWO_4)$ <20：80 时为钨锰矿，当两者比值不小于 80：20 时为钨铁矿，而钨锰铁矿则是钨锰矿和钨铁矿比例为 20%～80%的混合物。

白钨矿是钙钨酸盐，分子式为 $CaWO_4$，含 WO_3 80.6%。结晶呈四方晶系；钼常取代白钨矿中的钨，形成类质同象的钼酸钙（$CaMoO_4$）。白钨矿还常与石榴子石、辉石、石英、辉钼矿、辉铋矿和黄铁矿等伴生。

除了上述钨矿物，钨华（化学式为 $WO_2(OH)_2$，WO_3 含量为 79.3%，密度为 2.09～2.26g/cm³，硬度为 1～2）和白钨华（非晶质）也较常见。其他含钨矿物还有钨铅矿（$PbWO_4$）、钨铋矿（Bi_2WO_6）、钨钼铅矿[$Pb(MoW)O_4$]、钨锌矿（$ZnWO_4$）、铜钨矿（$CuWO_4$）、铜钨华[$Cu(WO_4)(OH)_2$]、高铁钨华[$Ca_2Fe_2(WO_4)_7 \cdot 9H_2O$]和辉钨矿（$WS_2$）等。这些矿物截至目前尚未发现可供工业开采价值的矿床。

26 钨工业矿物有哪些？其可选性如何？

钨的主要工业矿物有黑钨矿和白钨矿两种，它们的可选性和冶炼性皆有所差别，因此可分出黑钨矿石、白钨矿石和黑、白钨混合矿石。

但是，自然界完全不含白钨的黑钨矿石和完全不含黑钨的白钨矿石很少见。因此考虑到优质黑钨精矿中允许的含钙量和优质白钨精矿中允许的含锰量，大致确定

把白钨相 WO_3 占有率＜10%的划为黑钨矿石；把黑钨相 WO_3 占有率＜10%的划为白钨矿石。

另外，还有一种钨矿石主要呈分散状态赋存于赤、褐铁矿中，可称为赤、褐铁矿含钨矿石。所谓呈分散状态存在的钨，其性状比较复杂，既包括呈微细粒，乃至胶体粒子状态存在的钨矿物包裹体，又不排除可能呈离子吸附状态存在的钨。

钨的工业矿物及其性质见表 2-10。

表 2-10　钨的工业矿物及其性质

矿物名称	化学分子式	WO_3 的含量/%	密度/（g/cm³）	硬度	颜色	备注
黑钨矿	（Mn, Fe）WO_4	76.5	7.1～7.5	5～5.5	铁黑或褐色	具有弱磁性
钨锰矿	$MnWO_4$	76.6	7.2～7.5	5～5.5	褐、褐红或黑色	$FeWO_4$ 含量＜25%
钨铁矿	$FeWO_4$	76.3	6.8	4～4.5	黑色	$MnWO_4$ 含量＜25%
白钨矿	$CaWO_4$	80.6	5.9～6.2	4.5～5	白、灰、黄褐、绿褐	

27　钨矿石中主要杂质矿物类型及特点是什么？

在钨精矿质量标准中，对十余种元素的含量有严格的限制。其中铋、钼、铜、铅、锌、锑、硫、砷等绝大部分呈硫化物存在，它们在钨矿石的选矿工艺中主要用枱浮和浮选法与黑钨矿和白钨矿分离，而且不含硫化物的原生钨矿石在自然界实际上不存在，所以含硫化物和需要用枱浮或浮选法分离硫化物是钨矿石和钨矿石选矿工艺的共性，在工艺类型划分时不必专门考虑，例如，不必分出钨铋矿石、钨钼矿石等。另外，铍主要呈绿柱石存在，它是轻矿物，一般在手选段或者在选钨后的尾矿中处理，不影响钨选矿的主干流程，所以也不专门考虑。磷是主要的有害杂质元素之一，其中磷灰石是普遍存在的磷矿物，密度较小，对重选钨精矿影响不大；对浮选白钨精矿的影响可能较大，这时可以酸浸除磷。钨矿石中是否含有足以影响钨精矿质量的磷酸稀土矿物（主要是独居石、磷钇矿）和锡石，将直接影响选矿工艺。因此分类时应该加以考虑，例如，分出含锡黑钨矿石，含稀土、锡黑白钨矿石等。

第三章　钨矿选矿工艺矿物学

28　什么是矿石工艺类型和矿石工艺特性？

矿石的工艺类型，就是"将矿石按工艺特性分类"。划分矿石工艺类型的目的是指导矿石加工方法和工艺流程的选择及指标预测，为矿床评价和开发利用服务。

所谓矿石的工艺特性，是指矿石的可选性、冶炼性等工艺加工性质。而矿石的选冶工艺加工性质，是由矿石的物质组成、有益及有害杂质元素的赋存状态、回收矿物及需要分离矿物的嵌布粒度等结构特征和单体解离特性、氧化程度等决定的。因此，矿石工艺类型的划分，应该以矿石本身所具有的、影响选冶工艺的主要特性为基础，并与选冶方法、原则流程，以及可能达到的技术经济指标联系起来。换句话说，矿石工艺类型的划分应反映出各类矿石的主要特征、可能采用的选冶工艺基本特点、预期可能达到的技术经济指标，以及在此基础上对可选性给出易选、次易选、较难选、难选等评价。

地质学家对钨矿床的成因类型、工业类型等进行了长期深入的研究。国内外提出过 20 多种分类方案。对找矿、勘探起到了良好的指导作用。但现实是同一成因类型或工业类型的矿床，其开发利用价值却可能大不相同。例如，我国已开发了一些沉积再造层控型钨矿，但同属于该类型的江西枫林钨矿床，虽然从地质条件、品位、储量上评价是一个大型-特大型钨矿床，至今不能开发利用。原因是钨主要呈高度分散状态赋存于赤铁矿中，物理选矿法难以分选。其他矿种也不乏类似实例。即使在同一个矿床中，按工业指标圈定的各个矿体，由于元素赋存状态、矿石结构构造等矿石性质的变化，可选性差别甚大，以致开采到难选矿体或混合采矿配比不适时，选矿技术经济指标急剧下降，甚至得不到合格产品。这就是说，矿产资源的开发利用，不仅要有地质评价，还应对矿石的工艺性质作出评价。

29　我国主要的钨矿石工艺类型和工艺特征是什么？

钨矿石的基本工艺类型可简单地分为黑钨矿石、白钨矿石、黑白钨矿石、强风化矿石、赤褐铁矿含钨矿石五类。当存在锡石、磷酸稀土矿和自然金时，为了保证钨精矿质量和综合回收，必将使选矿工艺流程趋于复杂，于是又加上含锡黑钨矿石、含锡黑白钨矿石、含稀土锡黑白钨矿石、含金白钨矿石四类。再与可选性等级联系起来，则同是黑白钨矿石却可能分属于易选、次易选和较难选。如表 3-1 所示，以我国华南钨矿为例，将华南钨矿石划分为十四个工艺类型。各类型的名称是先写可选性等极，再写矿石类名，如易选型黑钨矿石、次易选型含锡黑白钨矿石等。对某一具体矿区的矿石而言，则可在工艺类型的名称前加上矿区名，如行洛坑较难选型黑白钨矿石、莲花山难选型强风化黑白钨矿石。

同一个对象，从不同的侧面考虑可能划为不同的类型。

表3-1 钨矿石工艺类型及特征

可选性等级	可选性判据	矿石类型	选别方案	实例
易选	(1) 钨矿物粒度较粗，10～5mm 即出现大量单体，≥0.2mm 基本解离，白钨矿石±1mm 出现单体，0.1mm 基本解离；(2) 有害杂质矿物较简单，除脱硫外无需特别除杂；(3) 回收率特别高	黑钨矿石	手选－跳汰－摇床－粗浮，浮选脱硫得黑钨精矿	浒坑
		黑白钨矿石	手选－跳汰－摇床 { 粗浮，浮选脱硫得黑白钨混合精矿 / 磁选得黑钨精矿，粗浮得白钨精矿 }	盘古山
		白钨矿石 （85%左右）	手选－摇床 { 粗浮硫得白钨精矿（加酸浸除磷）/ 浮白钨得钨精矿（加酸浸除磷）}	湘西、西安
次易选	(1) 钨矿物粒度较粗，10～5mm 即出现大量单体，≥0.2mm 基本解离，白钨矿石<1mm 出现单体，<0.1mm 基本解离；(2) 有害杂质矿物较复杂，除脱硫外尚需辅以其他除杂工艺，或黑、白钨一般应予分选；(3) 回收率较高（≥80%）	含锡黑钨矿石	手选－跳汰－摇床－粗浮－浮选脱硫－磁选	铁山垅、浒坑
		黑白钨矿石	手选－跳汰－摇床－浮选－磁选分离黑白钨	大吉山、画眉坳
		含锡黑白钨矿石	手选 { 光电选 / 重介质选 } 跳汰－摇床－粗浮脱硫－磁选－浮选	小龙、湘东
		含稀土、锡黑、白钨矿石	浮选	西华山
较难选	(1) 钨矿物粒度较细，<5mm 才出现较多单体，<0.2mm 基本解离，白钨矿石<0.1mm 才能解离；(2) 有害杂质矿物较复杂，除脱硫外还需辅以其他除杂工艺或白钨必须分选；(3) 回收率较低（75%～85%）	白钨矿石	手选－跳汰－摇床－粗浮脱硫－磁选－电选－浮选	荡坪宝山
		黑、白钨矿石	螺旋溜槽（或跳汰）－摇床－粗浮硫－磁选	行洛坑
		含锡黑	摇床重选－浮选－磁选	柿竹园
		含金黑钨矿石	摇床重选－混汞－浮金，锑－浮白钨	湘西
难选	(1) 矿石氧化程度高，富含赤、褐铁矿；(2) 钨的分散相或微细粒级占有率高；(3) 回收率低（小于75%），甚至物理选矿法也不能奏效	强风化黑白钨矿石	螺旋溜槽（或跳汰）－摇床－磁选－电选－浮选	莲花山
		强风化含锡黑白钨矿石	手选－跳汰－摇床－粗浮脱硫－磁选－浮选	消美山
		赤、褐铁矿含钨矿石	物理选矿不能有效分离	枫林

30 黑钨矿的化学成分是什么？

黑钨矿的分子式为（Mn, Fe）WO_4。单矿物化学分析 WO_3 含量为 75.86%。在黑钨矿的化学组成中，锰-铁间呈完全类质同象，根据化学式中锰和铁原子数的不同分为钨锰矿、钨锰铁矿、钨铁矿三个亚种。矿石中黑钨矿电子探针能谱测定结果见表 3-2，多属于钨锰铁矿。

表 3-2　黑钨矿成分电子探针能谱测定结果

黑钨矿	WO_3/%	MnO/%	FeO/%	Re_2O_7/%	CaO/%
（$Mn_{0.6}$, $Fe_{0.4}$）WO_4	74.18	12.65	8.99	4.19	0.00
（$Mn_{0.4}$, $Fe_{0.6}$）WO_4	72.05	9.95	14.62	3.38	0.00

黑钨矿中普遍存在 16～17 种元素。其中除了 W、Fe、Mn 是固有元素，研究表明 Nb、Ta、Sc、Ti、Sn、Y、Yb、Mg、Be 主要呈类质同象存在；Si、Cu、Bi 主要呈石英、黄铜矿、辉铋矿的微细包裹体存在；Ca 和 Al 一部分可能呈类质同象存在，一部分则呈白钨矿和铝硅酸盐矿物微包裹体存在。

既然黑钨矿中 $FeWO_4$ 与 $MnWO_4$ 呈完全类质同象，则 FeO 与 MnO 必然呈线性负相关。按理论值计算，其相关方程为 FeO=23.657-1.010×MnO；相关系数 r=-1。王玉明等按其实测数据计算的相关方程为 FeO=23.8397-1.0680×MnO，r=-0.987，与理论结果很接近。

黑钨矿中 Nb、Ta、Re 的含量，主要取决于黑钨矿晶初始的地质环境和物理化学条件，尤其是成矿溶液中 Nb、Ta、Re 的浓度。一般的规律是从成矿母岩沿着成矿溶液转移的方向：成矿温度由高到低；成矿时间由早到晚；成矿环境由弱酸性向弱碱性、由氧化向相对还原的条件转化，黑钨矿中的 Nb、Ta、Re 含量逐渐降低。非花岗岩成矿系列的火山、次火山、热液渗浸交代、沉积再造等矿床中的黑钨矿 Nb、Ta、Re 含量较低。

31 黑钨矿的晶体结构是什么？

如图 3-1 所示，在黑钨矿的晶体结构中，[WO_6]八面体沿两个不平行棱连接成折线形链，平行 C 轴伸延，其间由相似的[(Mn, Fe)O_6]八面体链充填。钨铁矿的原子间距（×0.1nm）：Fe—O（6）=2.00（2），2.18（2），2.11（2）；W—O（6）=1.91（2），2.13（2），1.78（2）。所以黑钨矿晶体破裂时是氧与铁或锰之间的原子链断裂。经计算，（001）单位断面上断裂 3.579 对氧与铁或锰之间的原子链；（010）单位断面上只断裂 2.785 对。所以（001）面对外界表现的作用力较强，从而影响其润湿性和对药剂的吸附。

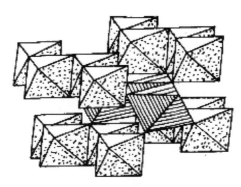

图 3-1　黑钨矿晶体结构

黑钨矿的晶胞参数与铁、锰含量有密切关系。随着铁含量的增加、锰含量的减少，晶胞参数 a、b、c 和 β 角以及晶胞体积 V 均逐渐减小。据王玉明等的测定和计算，各参数与 Fe/（Fe+Mn）的值 x 存在如下线性负相关关系：

$$a（\text{Å}）=4.8310-0.10409x，r=-0.994$$
$$b（\text{Å}）=5.7589-0.05469x，r=-0.992$$
$$c（\text{Å}）=5.0023-0.03547x，r=-0.990$$
$$\beta（\text{Å}）=91.150-1.2715x，r=-0.990$$
$$V（\text{Å}^3）=139.172-5.3055x，r=-0.996$$

由 β 和 x 的关系式可知，在 $\beta=90°$ 时，则 $x=0.896$，这表明当黑钨矿成分相当于 $x=0.896$ 时，黑钨矿由单斜晶系转变为正交晶系，直至 $x=1$ 时的纯钨铁矿均属于正交晶系。

再者，2θ 与 x、d 值与 x、$\Delta(2\theta_{111}-2\theta_{\bar{1}11})$ 与 x、$\Delta(2\theta_{110}-2\theta_{011})$ 与 x 等皆存在良好的线性相关关系，可用来确定黑钨矿的化学组成。

例如，

$$2\theta_{100}=23.137+0.4942x，r=0.986$$
$$d_{100}=4.8293-0.09853x，r=-0.989$$
$$\Delta(2\theta_{111}-2\theta_{\bar{1}11})=0.9525-0.6802x，r=-0.993$$
$$\Delta(2\theta_{110}-2\theta_{011})=0.6169+0.2681x，r=0.990$$

另外，也可以用内插石英的 $2\theta_{102}$ 和合成黑钨矿 $2\theta_{200}$ 间的差值 $(\Delta 2\theta)$ 同 $MnWO_4$ 分子百分数的直线正相关关系来确定黑钨矿的化学组成。

32　黑钨矿的解理特性是什么？

黑钨矿为单斜晶系，半金属光泽，不透明，条痕褐色，解理平行 {010} 完全。

33　黑、白钨矿的物理性质是什么？

表 3-3 是黑钨矿和白钨矿的主要物理常数。由于铁离子半径（0.082nm）比锰离子半径（0.091nm）小，相对原子质量较大，所以当黑钨矿铁含量增高时，其晶体常数减小，晶胞体积缩小，密度和硬度增大，电磁性增强。

表 3-3　黑钨矿和白钨矿的主要物理常数

矿物	密度/(g/cm³)	硬度/(kg/mm²)	比磁化系数/(cm³/g)	电导率/(Ω·cm)⁻¹	比导电度	介电常数	电位差/V	整流性	熔点
黑钨矿	7~7.5	301~435	$(3.9\sim4.9)\times10^{-5}$	$10^{-2}\sim10^{-7}$	2.62	12.5~18	7332	全	3~3.5
白钨矿	6.1	250~301	$(0.079\sim1.20)\times10^{-6}$	$10^{-11}\sim10^{-12}$	3.06	3.5~12	8580	全	5

34　黑钨矿的可浮性质是什么？

矿物的可浮性取决于其表面润湿性（用接触角 θ 表征）、电性（用 ζ-电位表征）、溶解性以及与溶液中的组分和药剂的相互作用等物理化学性质。

图 3-2 和图 3-3 分别是可浮性、$\Delta\zeta$、$\Delta\theta$ 与 pH 的关系和加 FXL-14 前后黑钨矿接触角与 pH 的关系。

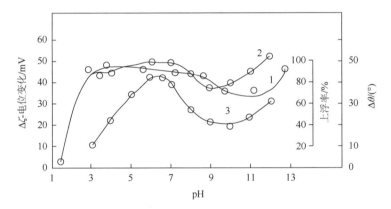

图 3-2　可浮性、$\Delta\zeta$-电位、$\Delta\theta$ 与 pH 的关系

1. 可浮性；2. 黑钨矿与 FXL-14 作用后 $\Delta\theta$；3. 黑钨矿与 FXL-14 作用后 $\Delta\zeta$

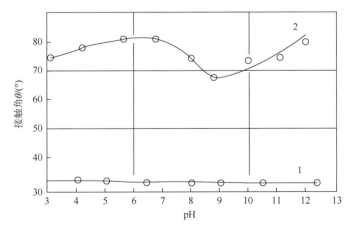

图 3-3　加 FXL-14 前后黑钨矿接触角与 pH 的关系

1. 在纯水中；2. 在 FXL-14 溶液中

1）润湿性

图 3-3 表明，黑钨矿在纯水中接触角小于 35°，并且基本不随 pH 变化。就是说黑钨矿亲水，无自然可浮性。当加入 800mg/L 的 FXL-14 时，接触角 θ 增大至 65°以上，从而疏水可浮。

陈万雄等测定了以油酸钠和以混合胺作捕收剂时黑钨矿接触角的变化。以油酸钠为捕收剂时，在不同浓度下出现最大接触角的 pH 为 6～10。当油酸钠浓度为 50mg/L，pH=8 时，接触角有最大值；在（001）面上为 76°，在（010）面上为 65°。以混合胺为捕收剂时，在不同浓度下出现最大接触角的 pH 为 5～9。当混合胺浓度为 600mg/L，pH=5 时，接触角有最大值；在（001）面上为 34°。（001）和（010）面上的接触角不同，是由黑钨矿的晶体结构所决定的。因为在（001）面上断裂的 Fe—O 或 Mn—O 链较多，对外界的作用力较强，所以吸附的捕收剂较多。

2）表面电性

不同研究者测定的黑钨矿 ζ-电位与 pH 的关系有所差异。这可能由设备调试、测定操作，以及试样特性和加工处理方法等多方面的因素所引起。但是总体来说，在纯水中于 pH≈2.5 出现零电点，在 pH>2.5 的广泛 pH 范围内荷负电的基本特点是一致的。在 pH=6～9 或其中某一小段，ζ-电位负值较小，出现一个所谓"近零电点区"的趋势。

黑钨矿 ζ-电位为负值，认为是由于黑钨矿晶格中 Fe^{2+} 的水化能 1952.06kJ/mol，大于 Mn^{2+} 的水化能 1864.28kJ/mol，大于 WO_3^{2-} 的水化能 836kJ/mol，所以 Fe^{2+}（其次是 Mn^{2+}）优先于 WO_3^{2-} 转入溶液。也正因为如此，含铁高的黑钨矿具有更高的负电位。

加入捕收剂 FXL-14、辛基羟肟酸、α-亚硝基-β-萘酚、油酸钠（NaOL）及絮凝剂聚丙烯酸（PAA-5）等药剂后，黑钨矿吸附药剂阴离子。表面 ζ-电位负值增大。在 pH=6～9 的"近零电点区"，黑钨矿吸附捕收剂后的 ζ-电位变化（$\Delta\zeta$）、捕收剂吸附量，以及回收率均最大。而且含锰高的黑钨矿可浮性较好，回收率较高。根据水化能理论，Mn^{2+} 比 Fe^{2+} 较难转入溶液，较多地留在矿物表面，成为浮选的活性中心。对黑钨矿的浮选行为起主导作用，所以含锰高的黑钨矿可浮性较好，回收率较高。但是用 Fe^{2+} 作活化剂时则情况相反，高锰黑钨矿的可浮性不如高铁黑钨矿。这时的浮选活性中心是 Fe^{2+} 而不是 Mn^{2+}。矿物表面和溶液中的 Fe^{2+} 在酸性介质中能氧化成 Fe^{3+}，Fe^{3+} 及其羟基络离子是黑钨矿浮选的有效活化成分，苄基肟酸与矿物表面的 Fe^{3+} 生成肟酸高铁化学产物。pH=4 时为最佳浮选条件。同时，在 Fe^{3+} 存在的情况下，pH=2.5～6.7 时黑钨矿的 ζ-电位为正值，而且 pH=4 时正值最大。因此可以说，苄基肟酸与黑钨矿的作用不仅有化学吸附，而且有物理吸附。

35　黑钨矿的产状及嵌布特征有哪些？

表 3-4 为钨矿产状及特征。

在脉钨矿床中，黑钨矿是主要钨矿物，据化学物相分析，平均 85%以上的 WO₃

呈黑钨矿产出，所以矿床中 WO_3 品位变化规律，基本上就是黑钨矿在数量上的空间分布规律。

黑钨矿在矿脉中分布很不均匀，往往是局部富集，或成砂包产出，反映在 WO_3 品位上呈跳跃式变化，在 1m 间距内品位可相差数十倍。有的矿化基本连续，有的则出现 WO_3 品位低于边界品位的无矿段。

黑钨矿多呈板状、叶片状、针柱状，单体一般为 2～10cm，长的达 20～30cm，小的在 1mm 以下。多垂直或斜交于脉壁生长，呈梳状、条带状构造。产于脉者有时构成放射状集合体。砂包体矿石则呈块状构造。在晶洞中有时可见黑钨矿自形晶体，粗粒者长达 4cm，宽 2.5cm。

表 3-4　钨矿产状及特征

性质	黑钨矿			白钨矿 $CaWO_4$
	钨铁矿 $FeWO_4$	钨锰铁矿（Fe, Mn）WO_4	钨锰矿 $MnWO_4$	
ω（WO_3）/%	76.3	76.5	76.6	80.6
ω（Mn）/%	0～3.6	3.6～14.5	14.5～18.1	—
ω（Fe）/%	18.4～14.7	14.7～3.7	3.7～0	—
晶体结构	单斜晶系	单斜晶系	单斜晶系	四方晶系
解理	在一个方向完全解理	在一个方向完全解理	在一个方向完全解理	在四个方向良好
密度/(g/cm³)	7.5	7.1～7.5	7.2～7.3	5.4～6.1
颜色	黑色	暗灰到黑色	红褐至黑色	淡黄、褐色、白色
韧性	极脆	极脆	极脆	极脆
光泽	半金属到金属光泽	半金属到金属光泽	半金属到金属光泽	玻璃到树脂光泽
硬度（莫氏）	5	5～5.5	5	4.5～5
磁性	微至弱磁性	微磁性	轻微磁性	非磁性

36　钨矿石有什么工艺特性？

钨矿石各工艺类型实例厂矿的有关特征见表 3-5。

37　黑钨矿的力学性能及碎磨特性是什么？

黑钨矿性脆，解理完全，硬度中等，所以在矿石采、运和破碎磨矿过程中较易粉碎。黑钨矿与石英对比，−200 目生成量为石英的 2.95 倍；−200 目生成速度为石英的 3.16 倍；同样粒度入磨，产物的平均粒径石英总比黑钨矿大 2.39 倍。

38　白钨矿的化学成分是什么？

白钨矿的分子式为 $CaWO_3$。其理论化学成分为 80.6% 的 WO_3 和 19.4% 的 CaO。可有少量呈类质同象存在的锶、钡和钼，偶而含铜。当 CuO 含量达 7% 时，称铜白钨矿。Sr、Ba 替代 Ca；Mo 替代 W 形成钼白钨矿（其中 $MoO_3 \leqslant 24$%）。白钨矿含钼

表 3-5 钨矿石各工艺类型实例厂矿的有关特征

厂矿	矿床类型	钨物相 WO₃/%	钨矿物解离性	有害杂质特征矿物	选矿工艺特点	技术指标 WO₃/%			
						原矿	尾矿	精矿	回收率
X坑	石英大脉、细脉	黑钨 95	6mm 始见单体，0.15mm 基本解离	有害杂质元素含量低	摇床中矿和粗粒摇床尾矿再磨，重选加粗优质精矿	0.351	0.045	65.8	87.6
盘古山	石英大脉	黑钨 88	16mm 始见单体解离，0.20mm 基本解离	磷主要呈磷灰石	-2mm 上摇床丢尾，重选加给浮选得合格精矿	0.316	0.045	67.6	87.0
西安	层控型白钨石英脉	白钨 100	6mm 始见单体，0.1mm 基本解离	磷灰石较多	手选丢废，-0.8mm 上摇床、粗毛精捡浮白钨，细毛精浮白钨，酸浸	1.352	0.124	70.0	91.4
铁山垅	石英大脉脉带	黑钨 ≥92.4	6mm 始见单体，0.02 基本解离	锡，磷以磷灰石为主，锡石可综合回收	-1.6mm 上摇床丢尾，捡浮浮选脱硫，磁选分离锡石	0.185	0.034	68.7	82.8
大吉山	石英大脉	黑钨 ≥70	粗粒黑钨 1 至几厘米，0.2mm 基本解离	磷主要呈磷灰石（黑白钨连生密切）	-1.5mm 上摇床丢尾，捡浮脱硫，必要时加磷浸脱磷	0.249	0.046	70.5	82.5
湘东	石英大脉	黑钨 75~80	粗粒黑钨 1~2cm，0.2mm 解离	锡，磷灰石、磷钇矿，石可综合回收	-1.5mm 上摇床脱硫，脱锡浮选（尾矿再磨浮铜）或捡浮分离锡石	0.421	0.059	74.17	86.02
西华山	石英大脉	黑钨 ±85	粗粒黑钨 1~1.5cm，0.2mm 基本解离	锡，独居石、磷钇矿，石可综合回收	-1.7mm 上摇床丢尾，脱硫后磁选分离锡石、白钨，电选降磷	0.21	0.04	56.2	83.02
宝山	夕卡岩	白钨矿石，黑钨极少	粗粒白钨 0.64~1.5cm，0.1mm 基本解离	钨精矿含磷可达 0.1%，呈磷灰石	浮选磨矿-200 目占 63%入选，先浮硫化物，后浮白钨	0.455	0.099	65.39	79.30
行洛坑	花岗岩细网脉浸染	白钨 51.3，黑钨 48.7	粗粒黑、白钨粒径 0.1 毫米，0.1mm 基本解离	独居石，磷钇矿	-1.4mm 入重选，中矿和尾矿再磨、磁、电选精选黑钨，浮白钨	0.238	0.0287	67.51 / 71.89	43.89① / 35.18
柿竹园	夕卡岩	白钨 65，黑钨 35	黑钨 0.4mm，白钨 0.2mm 出现单体，0.074mm 基本解离	锡石、萤石可综合回收	-1mm 入重选，中、尾磨至-200 目浮选，重-浮-磁-浮流程	0.60	—	±67.5	±79②

续表

厂矿	矿床类型	钨物相 WO₃/%	钨矿物解离性	有害杂质特征矿物	选矿工艺特点	技术指标 WO₃/%			
						原矿	尾矿	精矿	回收率
沃溪	层控细网脉型	白钨为主，黑钨极少	6mm 始见单体，0.1mm 基本解离	金，铋可综合回收，磷呈磷灰石	-0.4mm 上摇床，尾矿再磨，-0.1mm 上浮选，酸浸除磷	0.27	0.045	70.0	72.0
莲花山	斑岩细网脉型、浸染型	白钨 47.4，分散型黑钨 21.82	黑、白钨粒度一般 0.1mm，0.074mm 基本解离	含独居石，磷钇矿，磷灰石，锡石	-0.35mm 入重选，毛精矿浮-重-浮-磁精选，砷高温焙烧	0.618	0.35	65 72	45 50
岿美山	石英大脉和夕卡岩	大脉白钨 15，风化夕卡岩，分散大	大脉黑钨，0.2mm 可解离，白钨分散度较细，难解离	磷呈磷灰石，分散于褐铁矿中，锡石可回收	大脉型与其他脉钨矿相似，夕卡岩原生白钨精矿较难选，风化夕卡岩石难选	0.255	0.154	>65	59.69③
枫林	层控型含钨赤褐铁矿	主要分散于赤铁矿中	分散于赤铁矿中的钨不能解离	含磷灰石	含钨赤铁矿石物理选矿场混选不能分选	—	—	—	—

注：①1980年试验指标，上行为黑钨精矿，下行为白钨精矿和回收率；②1980年试验指标；③原生和风化矿石现场混选指标。

达千分之几以上时，在紫外线照射下就不再发天蓝色荧光，而发黄色、桔黄色荧光。我国一些钨矿山的白钨矿化学分析结果列于表3-6。表3-7则是天然纯白钨矿的电子探针分析结果。

表3-6　白钨矿化学分析

产地	CaO/%	WO_3/%	Mo/%	M/%	Sn/%
盘古山	19.28	79.81	0.016	0.0213	<0.005
画眉坳	18.92	77.08	0.014	0.0361	0.006
樟斗	19.33	79.13	0.016	0.0114	0.010
西华山	19.43	79.91	0.046	0.0141	<0.005
大吉山	18.97	78.76	0.015	0.0193	<0.005
峟美山	19.23	79.50	0.017	0.0164	
小龙	19.28	79.53	<0.005	0.0255	<0.005
行洛坑	19.40	79.30	0.009		
行洛坑		80.00	0.250		
阳储岭	19.51	79.32	0.44	0.0063	
宝山①	19.01	61.96	11.47		
宝山		78.58	微		
柿竹园	19.89	78.56	0.67	0.0163	0.008

注：①电子探针分析结果

表3-7　白钨矿成分电子探针测定结果

	WO_3/%	MnO/%	FeO/%	Re_2O_7/%	CaO/%
白钨矿	78.21	0.00	0.00	3.99	17.80
白钨矿	77.51	0.00	0.00	5.03	17.46
黄色白钨矿	78.51	0.00	0.00	3.47	18.02
蓝色白钨矿	78.52	0.00	0.00	3.82	17.66
蓝色白钨矿	78.09	0.00	0.00	4.15	17.76

39　白钨矿的晶体结构是什么？

在白钨矿的晶格结构中 Ca^{2+} 和变形的 $[WO_4]^{2-}$ 四面体都沿 c 轴以四次螺旋轴方式排列。Ca^{2+} 在 c 轴方向上与 $[WO_4]^{2-}$ 四面体相间分布，并和周围的 $[WO_4]^{2-}$ 的 O^{2-} 结合成8次配位，如图3-4所示。Ca—O键长为0.248nm和0.244nm，W—O键长为0.1785nm。所以白钨矿晶体破裂时是Ca—O键断裂。在解离面上 Ca^{2+} 比 O^{2-} 突出，易与外界离子作用。但当部分 W^{6+} 被 Mo^{6+} 替代后，与 $[WO_4]^{2-}$ 四面体有关的 Ca^{2+} 则比解离面低0.14nm，这种 Ca^{2+} 与外界离子作用的概率较小，所以在浮选时，钼白钨矿可浮性较差。

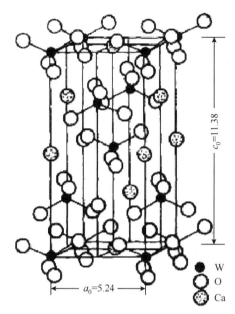

图 3-4 白钨矿的结晶结构

40 白钨矿的解理特性是什么？

白钨矿晶体中，（101）面、（111）面和（001）面为其最常见的解理面，常构成近于八面体状的四方双锥{111}和四方双锥{101}，或呈{001}板状。白钨矿（101）面、（111）面和（001）面 3 个晶面的表面断裂键密度相比其他晶面较小，因此当白钨矿晶体受外力作用时，沿着这些面产生解理。

41 白钨矿的可浮性质是什么？

无浮选药剂作用时白钨矿亲水不浮。

当前浮选白钨矿的捕收剂主要是油酸、油酸钠或油酸与煤油的混合剂，以及氧化石蜡皂、塔尔油等。这些捕收剂都有起泡性能，一般不另加起泡剂。用碳酸钠、氢氧化钠调整矿浆 pH 至 9～10.5 时进行浮选。抑制萤石、方解石等脉石矿物的抑制剂主要是硅酸钠及其与金属盐的混合物，以及白雀树皮汁、丹宁、磷酸盐。

白钨矿在纯水中出现零电点的 pH≈1.8。在 pH＞1.8 的较宽的 pH 范围内荷负电，与黑钨矿相似。

图 3-5 是白钨矿和萤石表面 ζ-电位与 pH 的关系。

萤石在纯水中出现零电点的 pH≈10.5，在 pH＜10.5 的较宽 pH 范围内荷正电。萤石与白钨矿的表面电性有明显差异，似乎易于选别分离。但是当把萤石置于白钨矿澄清液后，其表面电性发生了变化，零电点 pH 降至 4.5，接近于白钨矿在纯水中的动电行为。实践也表明，采用油酸等脂肪酸作捕收剂，对含有白钨矿、萤石、方解石的试料进行浮选时，这三种矿物的可浮性很接近。这可能是因为矿浆中存在 $CaF_2(s)+WO_4^{2-}$══$CaWO_4(s)+2F^-$ 和 $CaCO_3(s)+WO_4^{2-}$══$CaWO_4(s)+CO_3^{2-}$ 反应。也就是说白钨矿溶解产出的 WO_4^{2-} 可能在萤石和方解石表面生成 $CaWO_4$ 沉淀。图 3-6 是这种现象的俄歇电子能谱验证。

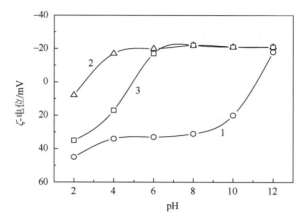

图 3-5　矿物表面 ζ-电位与 pH 的关系
1. 萤石；2. 白钨矿在纯水中；3. 萤石在白钨矿澄清液中

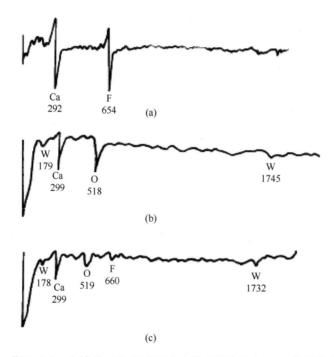

图 3-6　萤石（a）、白钨矿（b）及萤石在白钨矿澄清液中（c）的俄歇电子能谱

42　白钨矿的产状及嵌布特征有哪些？

白钨矿在脉钨矿床形成过程中一般属于较晚期的产物。晚期富钙的成矿溶液与早期形成的黑钨矿发生交代溶蚀作用，所以普遍可见白钨矿沿黑钨矿解理、裂隙充填交代的现象，以致形成细脉状、网脉状结构。交代强烈时黑钨矿呈残余结构存于白钨矿中。

白钨矿也常呈星散粒状或团块状分布于黑钨矿的边缘和间隙，以及脉石英中。有时在晶洞中可见完好的白钨矿四方双锥晶体。有的脉钨矿床也见早于黑钨矿生成的白钨矿，这是早期成矿溶液即富钙的缘故。例如，岿美山钨矿，因围岩中夹有两层白云质大理岩，并发生了夕卡岩化，所以早期成矿溶液即富钙。

白钨矿的粒度各矿不一，普遍比黑钨矿细小，但也有相当粗粒。例如，小龙的粗粒白钨矿横切面对径可达 3cm，长 4～5cm；画眉坳的粗粒白钨矿粒径可达 2～3cm。大吉山的白钨矿则粒度较细，粗粒者仅 1～2mm，多数小于 1mm，在 0.6～0.01mm。

夕卡岩型白钨矿床的白钨矿和 WO_3 品位分布比较均匀。白钨矿粒度一般小于 1mm，呈浸染粒状分布于夕卡岩中。

43　钨华是什么？

钨华化学成分为 H_2WO_4，正交晶系，通常呈鳞片状、粉末状或薄膜状。色黄或绿，珍珠光泽；硬度 1～2；平行解理完全；密度 5.5g/cm³。见于钨矿床的氧化带中，系钙钨矿和钨锰铁矿的表生产物。

钨华类矿物主要包括钨华、水钨华、高铁钨华、钇钨华、铜钨华、水钨铝矿。它们一般不具有开采经济价值。

44　假象黑钨矿的矿物特征是什么？

假象黑钨矿是介于黑钨矿和白钨矿之间的一种变异矿石。大多数黑钨矿以板状晶形为特征，而假象黑钨矿具有白钨矿的四方双锥晶形或等轴粒状晶形（图 3-7），但其他物理性质如颜色、光泽、硬度（实测莫氏硬度 5.5）、磁性（400mT 场强进入磁性产品）等与黑钨矿基本相同。

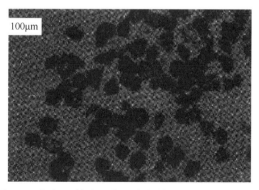

图 3-7　假象黑钨矿晶体具有白钨矿的四方双锥晶形

体视显微镜放大 80 倍

采用电子探针测定假象黑钨矿的化学成分，结果如表 3-8 所示。可见假象黑钨矿的化学成分也与普通黑钨矿无太大区别，只是假象黑钨矿中一般均含有少量的其他元素，如钼等。

表 3-8　假象黑钨矿的电子探针波谱测定结果

样品	元素含量/%			
	WO₃	MnO	CaO	Mo
1	76.94	7.38	0.00	0.50
2	75.70	0.30	0.00	0.80

45　假象黑钨矿的地质产状和成因是什么？

假象黑钨矿多与白铁矿伴生。根据岩性分析，认为在夕卡岩成矿期，成矿溶液为碱性环境，丰富的钙离子与钨离子结合生成白钨矿。假象黑钨矿的形成是在后期的构造活动中，断裂带带入大量硫化物，成矿溶液变为酸性，并含大量的铁、锰离子，因此早期形成的白钨矿被铁、锰交代为黑钨矿，并生成石膏。反应式如下：

$$2Ca(WO)_4 + FeSO_4 + MnSO_4 === 2(Fe, Mn)(WO)_4 + 2CaSO_4$$

46　假象黑钨矿在矿石中的嵌布状态和矿物特征是什么？

锡田多金属矿的主要钨矿物为白钨矿、黑钨矿和假象黑钨矿。假象黑钨矿为交代白钨矿生成的黑钨矿，只在矿石中占少数。假象黑钨矿晶体呈褐黑色，完整的晶体具有白钨矿特有的呈近于八面体的四方双锥结构。在锡田矿石中可见到假象黑钨矿形成过程的缩影：在铁锰质不充分的情况下，白钨矿只有部分被黑钨矿取代，形成半假象黑钨矿（图 3-8）；当铁锰质充分的条件下，白钨矿晶体完全被黑钨矿取代，但仍保留交代过程的不均匀的痕迹和白钨矿的晶形（图 3-9）。更多的是假象黑钨矿常与白铁矿伴生（图 3-10），这可能是假象黑钨矿与白铁矿同期生成，成矿溶液呈酸性的表征。

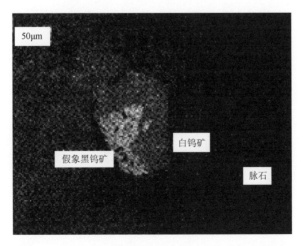

图 3-8　黑钨矿沿白钨矿晶体一侧，部分交代白钨矿

反光显微镜放大 320 倍

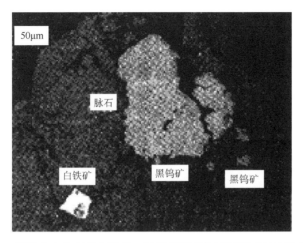

图 3-9　黑钨矿完全交代白钨矿，但仍保留交代过程形成的不均匀痕迹

反光显微镜放大 320 倍

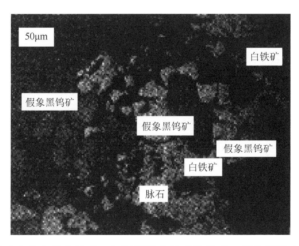

图 3-10　黑钨矿完全交代白钨矿，但仍保留白钨矿的晶形，假象黑钨矿与白铁矿伴生

反光显微镜放大 320 倍

47　假象白钨矿的地质产状和成因是什么？

　　研究的假象白钨矿赋存于湖南省柿竹园钨多金属矿床，成矿母岩为燕山期千里山复式花岗岩体，含矿岩体为花岗岩与泥盆纪佘田桥组含泥质条带状灰岩接触部位的巨厚层夕卡岩。矿体主要有夕卡岩矿物石榴子石、钙铁辉石、透辉石、符山石、透闪石、硅灰石、萤石、方解石等，金属矿物有白钨矿、黑钨矿、假象白钨矿、辉钼矿、辉铋矿、锡石等矿物组成。假象白钨矿主要产于云英岩-夕卡岩叠加部位。根据陈军的研究，假象白钨矿的形成是在云英岩化过程中长石蚀变为绢云母，消耗了大量 H^+，使酸性环境变为偏碱性，脉岩中已生成的黑钨矿可能被云英岩化时交代析出的钙离子置换而转变为白钨矿，多余的铁、锰离子生成磁铁矿等氧化物，反应式如下：

$$6(Mn,Fe)WO_4 + 6Ca(OH)_2 + 7O_2 \longrightarrow 6CaWO_4 + 2Fe_3O_4 + 6MnO_2 + 8H_2O$$

48　假象白钨矿在矿石中的嵌布状态和矿物特征是什么？

柿竹园矿的主要钨矿物为白钨矿、黑钨矿和假象白钨矿，在矿山的不同部位，黑钨矿与白钨矿比例变化较大，从黑白钨之比 1∶5（三矿带），变化至 1∶1（二矿带），其中假象白钨矿约占白钨矿的 10%。夕卡岩中的白钨矿呈自形-半自形晶分布在萤石中，这种白钨矿粒度较均匀。黑钨矿除了板状晶黑钨矿（图 3-11），柿竹园矿特有呈蠕虫状、不规则状的黑钨矿（图 3-12），两种黑钨矿均见有白钨矿交代现象，形成黑钨矿表面白钨矿反应边的环边状结构、半交代结构和全交代的假象白钨矿结构。

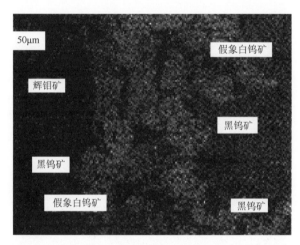

图 3-11　白钨矿沿板状黑钨矿边缘和缝隙交代形成假象白钨矿

反光显微镜放大 160 倍

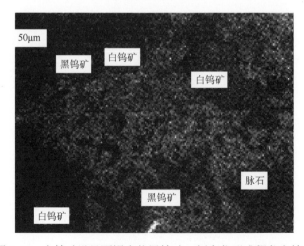

图 3-12　白钨矿沿里面蠕虫状黑钨矿一侧交代形成假象白钨矿

反光显微镜放大 320 倍

钙与铁、锰离子之间不具备类质同象替代的条件，假象白钨矿晶体结构中由于钙离子的进入和铁、锰离子的析出，晶体内部结构发生重组而变化为白钨矿的晶体结构，可能是因$[WO_4]^{2-}$的质点没有位移而仍保留原来黑钨矿的形状。假象白钨矿由于白钨矿交代黑钨矿，部分白钨矿晶粒内包含微细粒黑钨矿残晶，在体视显微镜中可见白钨矿中有麻点状的黑钨矿包裹体，而有一些交代黑钨矿生成的白钨矿含有交代析出的褐铁矿而呈棕色，以上这些白钨矿均具有弱电磁性，因而在采用磁选法富集黑钨矿时，部分白钨矿也进入磁性产品。

采用电子探针测定柿竹园矿假象白钨矿化学成分，结果如表3-9所示，假象白钨矿的化学成分与一般白钨矿基本相同，只是普遍含有交代残余的黑钨矿包裹体，所以假象白钨矿中均含有数量不等的铁、锰。

表 3-9　假象白钨矿的电子探针波谱测定结果

样品	成分/%			
	WO_3	MnO_2	FeO	CaO
1	79.685	0.034	0.078	20.203
2	80.164	0.265	0.627	18.944
3	79.386	0.000	0.030	20.584
4	80.271	0.085	0.124	19.520
5	79.599	0.000	0.315	20.086

注：未测钼含量

49　假象黑钨矿和假象白钨矿的可浮性如何？

在浮选白钨矿的药剂条件下，假象或半假象白钨矿的可浮性不如白钨矿，在浮选黑钨矿的药剂条件下，假象黑钨矿的铁、锰含量极少，可浮性与黑钨矿相差甚远，多损失在尾矿中，因此应在浮白钨时强化捕收，尽量将假象黑钨矿富集在白钨精矿中，以减少黑钨矿的损失。

研究结果表明，假象黑钨矿具有比白钨矿略高的富集比，也就是说，假象黑钨矿与白钨矿的可浮性相近，因此选矿采取黑白钨和锡石的全浮流程可达到良好的富集效果。

50　常见钨矿物的镜鉴特征是什么？

黑钨矿的镜鉴特征：光片-反射率 $R=16.2\%\sim18.5\%$；反射色呈灰色；双反射微弱；弱非均质性，偏光色为黄色至灰色；内反射呈深红色或暗红褐色；表面多麻点。

白钨矿的镜鉴特征：薄片-折射率 $N_0=1.9204$，$N_e=1.9368$；无色，常呈它形粒状；正高突起，糙面显著；{111}解理清楚；干涉色一级顶部；一轴晶正光性。

光片-反射率 $R=10\%$，反射色呈灰色；双反射微弱至不显；弱非均质性（常受内反射干扰而不显）；内反射显著，为白色、乳白色、淡黄色；磨光性良好。

51　钨矿物的物相有哪些类型，如何测定？

一般而言，钨矿石物相分析包括测定钨华、白钨矿和黑钨矿的含量。

钨华溶于氨水中，黑钨矿和白钨矿则不溶，借此可分离钨华。白钨矿在高压蒸煮下溶于 1mol/L 碳酸钠溶液中，也溶于 5%盐酸溶液和 0.5mol/L 乙二酸溶液中，黑钨矿则不溶或微溶。因而上述三种溶液均可作为白钨矿的浸取液。用前两种溶液作为浸取液，可测定溶解的钙，间接求出白钨矿的含量。在浸取白钨矿前需要先用 4%氯化铝的 2mol/L 乙酸溶液溶解分离试样中的方解石、萤石和磷灰石等。在同一条件下，白钨矿也稍有溶解。第一种浸取液需要高压蒸煮设备，操作复杂，难于掌握。用 5%盐酸浸取液，操作较简单，适用于含白钨矿较高（＞4%白钨矿）的试样。含白钨矿不高的试样，广泛使用乙二酸浸取液。黑钨矿则利用含三氧化钨总量差减计算得出。图 3-13 为钨矿物物相测定处理过程图。

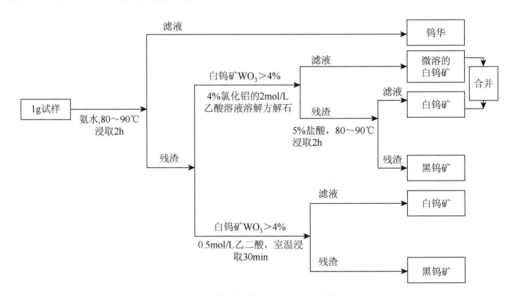

图 3-13　钨矿物物相测定处理过程图

第四章 钨矿选矿

第一节 概　　述

52　钨矿可选性等级一般如何划分？

从现在已开发的钨矿床的情况看，可分为易选、次易选、较难选、难选四个等级。其判据如下。

（1）易选：所谓易选矿石，是指获得商品钨精矿的工艺流程较简单、回收率高、精矿质量好的矿石。从现有生产情况看，回收率达 85%左右，甚至 90%左右。对黑钨矿石和黑、白钨矿石而言，10～5mm 即出现大量单体，0.2mm 基本单体解离，用重选加枱浮或浮选即可获得合格的商品钨精矿，无需特别除杂。对白钨矿石而言，1mm 左右出现单体，0.1mm 基本单体解离，可用重选（主要是摇床）加枱浮或浮选的工艺流程；当含磷灰石较多时，则浮选白钨精矿可能要辅以酸浸除磷。

（2）次易选：与易选矿石比较，大多是矿物组合，特别是有害杂质矿物较复杂，需要多采取一两种除杂工艺。但总的说来获得商品钨精矿的工艺流程仍然比较简单，回收率也较高，一般达80%以上。对白钨矿石而言，小于1mm 才出现单体，小于 0.1mm 才能基本单体解离，所以主要用浮选工艺选别。

（3）较难选：较难选矿石，一般是钨矿物粒度较细、单体解离较难的浸染状、细脉和网脉浸染状矿石；或是矿物组成、有害杂质矿物种类复杂，并与目的矿物密切连生，以细粒为主的不均匀嵌布矿石。因此获得商品钨精矿的工艺流程较复杂，回收率较低（75%～80%）。

（4）难选：难选矿石是指一些用物理选矿法难以获得好指标的矿石。多是些钨的分散相或细微粒级占有率高，矿石氧化严重，富含赤、褐铁矿的矿石。

53　钨矿选矿有哪些主要方法？

1）重选

因为钨矿的密度比较大，故重选是钨的主要选矿方法之一。20 世纪 70 年代以前这种方法占有统治地位，如当时美国的 Pine Creek、瑞典的 Yxsjoberg、澳大利亚的 King Island、日本的钟打和八茎、中国的西华山和浒坑等著名选厂都采用了重选流程，直到目前，大部分黑钨矿粗精矿仍采用重选获得。采用重选法的优点是显而易见的：成本低、利于环保。但是由于重选设备处理能力低，对细泥回收率不佳，发展受到一定的限制。因此 20 世纪 70 年代后，重选曾一度沉寂而被浮选替代，这个时期许多新建和扩建的选厂都采用了浮选流程，如美国的 Climax 和 Tempiut 等。到 20 世纪70 年代末，随着高效率、高处理能力重选设备的研制以及自动控制技术的发展，重选又东山再起，重新在钨选矿中抢得一席之地。

2）浮选

钨矿浮选已经有将近 60 年的历史，但是其理论研究和工艺实践的真正发展还是 20 世纪 70 年代以后开始的。国外白钨矿资源居多，因此对于白钨矿的浮选研究比较透彻；我国钨矿资源以黑钨矿为主，相应对黑钨矿浮选的研究更加深入。相对于重选来说，钨浮选的优点是明显的：设备配置简单、处理量大、产品质量和回收率高。但它的缺点也同样突出：选矿成本高（尤其是黑钨矿）、污染严重。这一点，对于正在经受市场经济浪潮冲击的我国钨业来说，更加值得关注。因此，开发低成本、低用量、低污染的浮选药剂将成为钨浮选研究的一个热点和方向。

3）磁选和电选

除了重选、浮选，磁选和电选也广泛应用在钨选矿中。磁选和电选不仅在钨的精选作业中应用于黑钨矿与白钨矿、白钨矿与锡石以及铁磁性物质的分离，而且在粗选和预选中也有使用。例如，美国的 Tempiut 选厂就是先利用磁絮凝磁选脱除分级溢流中的磁黄铁矿，而后进行白钨矿浮选的。它们堪称是这种流程的典范和先驱。我国柿竹园 380 选厂采用了类似流程，不但回收了磁铁精矿，而且提高了钨精矿质量，取得了良好的经济效益。

4）化学选矿

进入 20 世纪 80 年代，又有许多新工艺应用到钨选矿中，其中较突出的为化学选矿。化学选矿主要是指化学浸出，主要用于处理低品位钨精矿和中矿，该工艺的优点是回收率高，最终产品附加值高，该工艺在国外已是成熟有效的方案，尤其适用于细粒浸染型的难选矿石。例如，奥地利 Mittersill 选厂所处理的原矿中，白钨矿的嵌布粒度在 60μm 以下，一般为 40μm。该厂采用浮选-水冶联合流程，从原矿品位为 0.7%～1%WO$_3$ 的矿石中，先用浮选产出 30%WO$_3$ 的精矿（回收率为 95%）；然后用苏打高压浸出工艺把精矿处理为仲钨酸铵，由于浸出率高达 95%～98%，故选冶总回收率仍有 90%～93%。该厂有时为了适应市场需要，间或也用浮选生产 65%WO$_3$ 的商品精矿，但回收率却下降至 85%，前后对比显示了选-冶联合流程的优越性，而且由于提高了钨的回收率，所增加的收益足以弥补冶炼多耗的费用，最终体现了很高的经济效益。

采用机械活化浸出白钨矿，同样取得了不凡效果。随着高品位的钨矿床即将开采殆尽，可以预见化学选矿将成为钨选矿的一个主流。

另外，美国瑟尔斯湖化学选钨厂利用化学方法对含 WO$_3$ 为 0.0062% 的盐水进行钨回收，采用选择性离子交换树脂 HERF 树脂（8-羟基喹啉、乙二胺、间苯二酚和甲醛）来萃取钨，然后从洗提液回收商品钨，回收率可达 92.5%，这种方法为我国开发钨资源提供了一个崭新的思路。

54　降低钨矿过磨的方法和措施是什么？

我国的钨矿多为贫、细、杂矿物，开采的钨矿主要是伴生多金属钨矿，这种矿物的特点是嵌布粒度细，需要将其粉碎到一定的粒度才能单体解离，所以在磨矿过程中不易控制，过粉碎问题经常产生。当前矿山生产问题中，节能减排是重中之重，因此解决钨矿的过粉碎问题对于整个钨矿的选别都有着重要的作用。

当前，在矿山中有着种种处理过粉碎的方法，根据适用性，对钨矿的处理方法大致可以分为加强筛分、多碎少磨、调整磨矿三个方面。对于一些特定的钨矿，如内蒙古流沙山钼矿，主要以钼矿伴生白钨矿为主金属矿山。在原设计方案上，钼矿、钨矿的回收率相较于实验室数据甚远，研究结果表明，氧化钼和白钨主要损失于 $-30\mu m$ 的矿泥中，钼金属损失量为 67.2%，钨金属损失量为 61.5%。经流程考察发现，高堰式分级机返砂钼钨含量为原矿品位的 2～3 倍，造成大量钼钨矿物在螺旋分级机和二段球磨机中循环，目的矿物因过粉碎泥化而损失于尾矿中。对于此种矿物，经过研究发现，如果能够提高筛分分级效率，那么对于减少整个矿物的过粉碎现象都有着重大的提升。如果采用高频振动筛分级，可以提高分级效率，减少干扰氧化矿浮选的次生矿泥量，减少钼钨矿因过粉碎泥化损失。不难发现，随着技术的提高，加强筛分确实可以减少某些钨矿的过粉碎现象。

多碎少磨则是减少过粉碎的又一方法，磨矿主要是靠设备对其冲击、研磨和磨剥作用来实现的，破碎作业的能量利用效率远远高于磨矿作业，确定合理的破碎产品粒度，发挥破碎能耗低的长处，实行多碎少磨，实现最佳经济效益。钨矿属于硬矿石，钨矿是以离子键形式而存在的，比硫化矿更加难以碎裂，如果全部靠磨矿进行单体解离，过粉碎现象往往会大大提升，而且对于能耗也有较大的需求。因此多碎少磨很有必要，近几年随着设备的不断更新，碎矿设备的大型化和碎矿效率得到了极大的提升，而钨矿嵌布粒度细，若多段破碎与加强筛分同时进行，能大大提升碎矿效率，减少泥矿影响。多碎少磨也是经过证明的一种行之有效的方法。

钨矿性脆，容易过粉碎，但其莫氏硬度为 5.5，其伴生矿物中，除了石英比较硬，伴生硫化矿的硬度都比钨矿的莫氏硬度低。使钨矿单体解离的主要方法仍然是磨矿，因此调整钨矿磨矿从而减少过粉碎是主要的手段。

选用棒磨进行磨矿会使磨矿具有选择性，棒磨可以有效选择破碎大颗粒保护小颗粒，有助于减少过磨现象，从而减少次生矿泥的产生。我国大部分选厂采用的是球磨机，少部分选厂采用的棒磨机，主要原因是球形磨矿介质比较容易补加，制作简单，而钢棒的补加较麻烦。在钨矿的细碎过程中，实际上球形介质因其特点不适合钨矿的细碎，原因主要有三点：①磨矿过程的破碎力形式主要是磨剥，以轻微冲击破碎力为辅，球形磨矿介质之间以点接触的形式发生碰撞，因此是以强烈的冲击破碎力为主，容易造成贯穿性破碎；②在所有形状中，球形的比表面积最小，而细磨需要很大接触面积，因此其磨矿效率比其他形状物体小；③球形因其自身形状特点，在相互碰撞的过程中随机性大，造成磨矿的不规律性。

除了理性地选择磨矿设备，调整磨矿的方法还有调整磨矿时间、矿浆浓度、磨机转速、球径大小及磨矿介质等。磨矿时间过长，虽然有利于矿物的单体解离，但是会使得钨矿的过粉碎愈加严重，甚至某些时候会让泥矿浪费大量的药剂，对浮选产生不利的影响。但时间不足则会使矿物不能单体解离，同样影响选别指标，因此控制磨矿时间的长短需要做大量的工作，通过实验来确定最佳的磨矿时间。

　　矿浆浓度对于磨矿的选择性同样有着影响，当矿浆浓度过高时，矿浆黏稠，难以流动，细粒不能有效避免再次粉碎，从而造成过粉碎。但是稀的矿浆会使磨矿效率降低，同时会用去更多的水资源，不利于生产，因此选择合适的浓度同样非常必要。加强分级同样可以减少泥矿进入磨矿段，达到控制矿浆浓度的作用。

　　磨矿介质是对磨矿阶段影响最大的因素，不同种类的磨矿介质、磨矿介质的大小都能直接影响到磨矿的效率及过粉碎问题。经研究表明，钢段明显比钢球更适合成为钨矿的磨矿介质，在钨矿的磨矿中较低浓度、较低转速、较低填充率和适当的球径是比较好的选择。

　　磨矿流程是一个复杂的闭路流程，一段磨矿后有大量的返砂需要返回球磨机进行再磨，如果分级效果不好，则其中夹杂的细粒级矿石有可能产生过磨的现象，加剧过粉碎现象，因此矿石的分级也是一个很大的问题。选择分级效率高的分级设备是有必要的。

　　相对于这些传统工艺来说，随着科学技术的不断发展，越来越多的技术也可以用来解决过粉碎的问题，例如，微波助磨技术可以有目的性地粉碎矿物，同时可以减少钢料消耗。实行多阶段磨矿，使已经解离出来的矿物得到有效的选别，这样不仅可以减少返砂产生的过粉碎，提高磨矿效率，同时也对药剂有了更有效的利用。这些都是对矿石过粉碎有明显的减轻作用的方法。

　　矿石的过粉碎问题有着多种解决的方法，而钨矿因其独特的物理性质（如嵌布粒度等）是一种过粉碎比较严重的矿物。解决钨矿的过粉碎问题需要多种研究，选择设备和设计流程都需要进行考虑。

第二节　黑钨矿选矿技术

55　黑钨矿选矿的主要方法是什么？

　　浮选和重选是黑钨矿选矿的主要方法。重选是我国黑钨矿选矿的核心，其工艺包括预先富集，手选丢废，合格矿石分粗、中、细三个粒级跳汰，跳汰尾矿经分级进入多级摇床，摇床丢尾；细泥集中归队，采用多种工艺精选处理；重选粗精矿，使用不同方法联合精选以及多种金属矿物综合回收等过程。其典型原则流程图如图4-1所示。

56　什么是黑钨矿选矿中的预选作业？

　　一般而言，黑钨矿-石英脉的脉幅小，采矿贫化率常在80%以上，所以选矿的第一步就是尽量将围岩废石丢弃。这一工序就称为预选。因为黑钨矿-石英脉与围岩界线清楚，矿石与围岩颜色分明，容易辨别，而且我国人力资源丰富，成本低，所以预选丢废的方法主要采用人工手选。矿石经破碎、洗矿、筛分，分级进入运输皮带，工人从皮带上拣出废石（正手选）或拣出矿石（反手选）。除了人工手选，一些钨选厂也采用光电选矿法或重介质选矿法代替部分手选。丢弃废石后的矿石经细碎，得到合格矿。

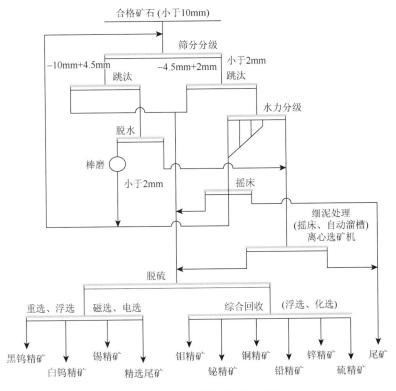

图 4-1　黑钨矿选矿原则流程图

1）人工手选

这种方法是根据含矿脉石与围岩之间界线清晰、颜色分明、容易辨别的特点人为进行拣选。若拣出的是含钨矿物则称反手选；若拣出的为废石习惯称正手选。采用人工手选废石率一般可达 50%左右；废石品位为 0.015%～0.04%WO$_3$；作业回收率达 97%～99%。近些年来，应用动筛跳汰加反手选作业，在降低预选丢废入选粒度和降低废石品位方面取得了良好成效。例如，荡坪钨矿采用动筛跳汰加手选，入选粒度为-20mm+10mm，废石选出率由 47.8%提高到 63%；大吉山钨矿采用反手选加动筛跳汰，入选粒度为-30mm+25mm，废石选出率由 56%提高到 60%。

2）重介质选矿

该法作为一种预选方法在生产实践中有所应用。如湘东钨矿、红岭钨矿和洋塘钨矿等，利用黄铁矿作加重剂，分别在旋流器和涡流分选器中进行矿石分选，均获得较好的技术经济指标。湘东钨矿采用手选与重介质选矿相结合，废石选出率由原来的 43%提高到 57%，选矿成本下降 5%～11%。红岭钨矿选矿厂用涡流分选器，废石选出率为 50%～59%，选矿成本下降 2.3%。国外的葡萄牙 Panasqueira 钨矿对 0.5～12mm 黑钨矿原矿用球状硅铁重介质水力旋流器预选，丢弃的轻产品占给矿的 95%，原矿品位由 0.3%～0.4%WO$_3$提高到 4%WO$_3$。英国的 Hemerdon 钨矿中间工厂采用丹纳慧尔涡流分选器（简称 DWP）处理-9～1.7mm 粒级原矿，可选出 80%～90%的轻产品，大大降低了生产成本。

　　3）光电拣选

　　这是一种利用矿物反射、透射或折射可见光能力的差别而将含矿脉石与围岩分开的方法。光电拣选常用的光源有白炽灯、荧光灯、石英卤素灯及激光等。赣州有色冶金研究所、瑶岗仙钨矿等单位于 20 世纪 70 年代便着手研究光电分选机，并应用于钨矿选矿厂的预选作业，在取代或部分取代人工手选方面取得了良好的效果。例如，赣州有色冶金研究所研制的 GS-Ⅲ型光选机，在小龙钨矿分选 30～50mm 矿石获得满意结果，丢废率达 90%。瑶岗仙钨矿采用 YG-40 型激光光电分选机处理 20～40mm 矿石，获得较好效果，废石选出率 90.94%，比手选高 35%，废石品位 0.023%WO$_3$，比手选低。国外澳大利亚 Mount Carbine 钨矿，利用三台 M-16 型光电拣选机处理三种不同粒级（16～40mm、48～80mm、80～160mm）的矿石，使暗灰色的围岩与含黑钨和白钨的石英分开。拣选后的矿石品位由 0.09%WO$_3$ 提高到 0.9%WO$_3$，废石丢弃率为 91%。

　　目前，尽管重介质选矿、光电分选等机械丢废方法在改善劳动生产条件和提高劳动生产率方面有其优越性，但因其经济因素和操作因素等影响，基本已暂停使用。人工拣选虽然是一种古老的、落后的方法，但因其成本低、指标可靠，对贫化率高的大块矿石仍是一种首选的有效方法。

57　黑钨矿选矿为什么可以使用重力选矿？

　　根据矿物间的密度差异，在一定的流体介质（通常为水，有时用空气或重介质）中进行分选的过程称为重力选矿。该法适于处理有用矿物与脉石间有较大密度差的物料。重力选矿（简称重选）是黑钨矿选矿最主要的选矿方法。在黑钨矿石中常见的矿物按其密度大小排序为：黑钨矿 7.1～7.5g/cm^3，锡石 7.0g/cm^3，毒砂 6.0g/cm^3，白钨矿 5.4～6.1g/cm^3，黄铁矿 5g/cm^3，辉钼矿 4.8g/cm^3，磁黄铁矿 4.6g/cm^3，重晶石 4.5g/cm^3，黄铜矿 4.2g/cm^3，闪锌矿 4.0g/cm^3，菱铁矿 3.9g/cm^3，石榴子石 3.9～4.2g/cm^3，萤石 3.1g/cm^3，云母 2.8～3.1g/cm^3，长石 2.54～2.8g/cm^3，方解石 2.5～2.8g/cm^3。由上可见，黑钨矿密度最大，采用重选法能有效地使其与密度小于 3.5～4g/cm^3 的许多矿物分离。

58　黑钨矿重选作业常见的设备有哪些？

　　跳汰选矿是重力选矿的主要方法之一，其分选过程在跳汰机中进行。该过程的工艺特点是：欲分选的物料连续给入跳汰机跳汰室的筛板上，形成厚的物料层（称为床层）。通过筛板周期性地鼓入上升水流，使床层升起松散，接着水流下降，在这一过程中，密度不同的矿粒发生相对转移，重矿物进入底层作为精矿，轻矿物转入上层成为尾矿。跳汰选矿几乎可以处理各种粒级的矿物原料（除微细物料外）。该选矿工艺操作简单，设备处理能力大，并可在一次选别中获得最终精矿，因此在生产实践中应用很广泛。我国黑钨矿重选厂在选别粗、中粒嵌布的黑钨矿时，入选前常将物料分成粗、中、细三个粒级（如 10～4.5mm、4.5～2mm、2～0mm）分别进行跳汰（俗称三级跳汰）。通常粗、中粒级跳汰作业回收率为 65%～75%，细粒级为 35%～45%。整个跳汰作业回收的钨精矿一般占全部重选精矿的 50%以上。

跳汰机类型较多，有隔膜跳汰机、水力鼓动跳汰机、无活塞跳汰机和动筛跳汰机等；分选金属矿主要采用隔膜跳汰机。动筛跳汰机由于跳汰室床层筛网的上下振动与水介质运动相结合，可获得比普通隔膜跳汰机更大的冲程，因而具有选别粒度大（上限可达 40mm）、处理能力强、选别效率高、耗水量少等特点，是一种粗、中粒矿石重选的优良设备，近年已在黑钨矿选厂推广使用。例如，荡坪钨矿半边山选厂用动筛跳汰机取代隔膜跳汰机选别粗、中粒合格钨矿石，作业回收率分别由 70%和 65%提高到 76%和 68%，节约用水 3.46m³/t 合格矿。

在黑钨矿选厂，摇床是分选中、细粒级矿石的通用设备，其选别原理是根据矿物在一倾斜床面上，借助机械的不对称往返运动和薄层斜面水流等的联合作用，使矿粒在床面上松散、分层，从而达到矿物按密度不同分选的目的。在黑钨矿选厂，按处理矿石粒度的不同，有矿砂摇床和矿泥摇床之分；矿砂摇床又可进一步分为粗砂摇床和细砂摇床。粗砂摇床处理的矿石粒度通常为 2～0.5mm；细砂摇床处理的矿石粒度为 0.5～0.2mm；矿泥摇床一般处理小于 0.2mm 的矿石。生产实践表明，为获得良好选别效果，物料在进入摇床选别作业前应严格分级。一般采用 4～6 室水力分级机将物料分成多级，再分别进入矿砂或矿泥摇床处理。摇床的突出优点是富集比很高，经一次选别可获得高品位精矿和废弃尾矿，作业回收率为 70%～80%，而且看管容易，操作方便；主要缺点是设备占地面积大，单位厂房面积处理能力差等。

近年来，以螺旋溜槽代替摇床用于钨矿石重选，已在我国某些钨矿山进行了研究和生产实践，用螺旋溜槽粗选可丢弃大量低品位尾矿，所得粗精矿再用摇床精选可获得高品位精矿。例如，福建行洛坑钨矿粗选用螺旋溜槽丢尾、精选采用螺旋溜槽-摇床联合工艺，当入选矿石粒度为 0.5～0.25mm，给矿品位为 0.383%WO₃ 时，选别后精矿品位为 38.60%WO₃，作业回收率为 87.10%。螺旋溜槽具有结构简单、处理量大、操作方便、生产费用低等优点，在处理铁矿石、钨矿石、锡矿石、钽铌矿石及金矿石等方面有着广阔的应用前景。

59　摇床的工作原理是什么？

摇床选矿是在一个倾斜的床面上借助机械的不对称往复运动和薄层斜面水流等的联合作用，使矿粒在床面上松散、分层、分带，从而使矿物按密度不同来进行分选的过程。

摇床有一个倾斜的床面，沿纵向在床面上钉有许多平行的来复条或刻有槽沟。摇床的一端装有传动机构，它带动床面沿纵向作不对称的往复摇动，床面横向呈1.5°～5°向尾矿侧倾斜，矿浆与冲洗水从床面坡度高的一侧给入。这样，矿粒在床面上就受到纵向摇动的床面与横向水流的作用，使矿粒按密度和粒度分层，并沿床面不同方向移动，呈现有规律的扇形分带，并分别从床面的精矿端和尾矿侧的不同区域排出床外，通过分别接取，从而分成精矿、中矿和尾矿。

（1）不同密度的矿粒在床条间的分层对于摇床的分选起着重要的作用。

由图4-2可见，矿粒在床条间的沟槽内形成多层分布：最上层为粗而轻的矿粒，其次为细而轻，再次为重而粗，最下层才是大密度而粒度小的矿粒。一方面，这种分层是斜面水流的动力作用和床面往复摇动作用下析离（析离分层是摇床分选的重要特点）的结果；另一方面，当水流通过床条间的沟槽时形成涡流，如图4-3所示，造成水流的脉动，使矿粒松散并按沉降速度分层。此外，涡流对于洗出在大密度矿层内的小密度矿粒也是有利的。因此，摇床的给矿预先按等降比进行水力分级有利于选别。总之，在床条间的矿粒的分层主要是沉降分层和析离分层的联合结果。

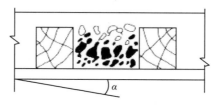

图4-2　来复条内颗粒分层

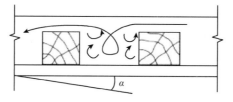

图4-3　来复条内水的流动

（2）不同密度矿粒在床面上的移动和分带。矿粒在床条间分层的同时，还沿着床面向不同的方向移动。开始，矿粒在床面上是相对静止的，要使矿粒在床面上作相对运动，只有当矿粒的惯性力大于矿粒与床面的摩擦力时才有可能，即

$$ma \geqslant G_0 f$$

式中，m——矿粒的质量；

　　　a——矿粒的惯性加速度；

　　　G_0——矿粒在水中的质量；

　　　f——矿粒与摇床间的摩擦系数。

矿粒由相对静止到刚能移动所必需的最小惯性加速度称为临界加速度，即

$$a_{kp} = \frac{G_0}{m} f$$

因为$G_0 = mg_0$（g_0为矿粒在介质中的重力加速度），所以矿粒在介质中的临界加速度为

$$A_{kp} = g_0 f$$

因此，临界加速度不仅取决于摩擦系数，而且与矿粒的密度有关。

可见，不同密度的矿粒对床面的相对运动从开始时就不相同，而且速度也不一样。如图4-4所示，床面上的a点有两个体积相同而密度不同的矿粒，它们将朝两个

不同方向运动；设 v_1 是大密度矿粒纵向移动速度，小密度为 v_2，且 $v_1>v_2$，在水流作用下，大密度矿粒的横向移动速度为 s_1，小密度为 s_2，且 $s_1<s_2$，矿粒最终移动速度为上述两个移动速度的向量之和，即重矿物沿 aA 方向运动，轻矿物沿 aB 方向移动。

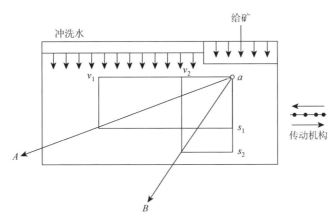

图 4-4　床面上颗粒的运动

由上述可知，摇床选矿是在惯性力、摩擦力、析离及横向水流冲力的综合作用下，密度不同的矿粒一方面沿纵向运动的速度不同，另一方面在横向受到水流的冲洗作用也不相同，最终的结果形成如图 4-5 所示的扇形分布，从而使矿物粒子按密度不同得以分选。

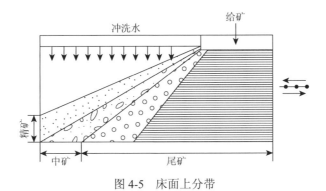

图 4-5　床面上分带

60　影响摇床工作的因素有哪些？

1）床面的运动特性

床面运动的不对称程度将影响矿粒床层的松散分层与沿纵向的运搬分带。床面的不对称程度越大，越有利于颗粒的纵向移动。在选别矿泥时，应选用不对称程度较大的摇床，如贵阳摇床、弹簧摇床等。

2）床条的形状、尺寸

床条的高度、间距及形状影响着水流沿床面横向流动速度的大小，特别是对条沟内形成的脉动速度影响更大。矩形床条与云锡床条引起的脉动速度大，可在选别粗砂及细砂时使用。三角形床条，尤其是刻槽形床条所能形成的脉动速度很小，适于在选别细砂或矿泥原料时使用。

3）冲程和冲次

冲程、冲次的组合值决定床面运动的速度和加速度。为使床层在切变运动中达到适宜的松散度，床面应有足够的速度，而从输送重矿物的要求来看，床面还要有适当的正负加速度差值。冲程过小，矿粒不松散；冲程过大，矿粒来不及分层就被运走。冲程、冲次的适宜值主要与入选的物料粒度有关，处理粗砂的摇床取较大的冲程和较小的冲次，处理细砂和矿泥的摇床取值则正好相反。

4）横向坡度与冲洗水

冲洗水由给矿水和洗涤水两部分组成。冲洗水的大小和坡度共同决定着横向水流的流速。处理粗粒物料时，既要求有大水量又要求有大坡度，而选别细粒物料时则相反。处理同一种物料"大坡小水"和"小坡大水"均可使矿粒获得同样的横向速度，但"大坡小水"的操作方法则有助于省水，不过此时精矿带将变窄，不利于提高精矿质量。

5）给矿性质

（1）给矿量。给矿量大，精矿品位提高，但回收率降低。

（2）给矿浓度。给矿浓度大，处理量大，精矿品位提高，回收率降低。正常给矿浓度一般为15%～30%。

（3）给矿粒度组成。适宜处理粒级0.037～3mm，矿石入选前进行分级。

61 钨选矿中跳汰选矿机的结构和基本原理是什么？

跳汰选矿是在垂直交变介质流的作用下，使矿粒群松散，然后按密度差分层：轻的矿物在上层，叫轻产物；重的在下层，叫重产物，从而达到分选的目的。介质的密度范围越大，矿粒间的密度差越大，则分选效率越高。

在跳汰机的垂直上升水流中，轻重、大小不同的矿粒具有不同的运动速度，重的矿物在上升时落在轻矿物的后面，并且在上升终了时，处于轻矿粒之下。当矿粒反向运动时，在静止或下降的水流中，较重的矿粒将以较大的速度沉降，结果形成轻重矿粒的分层：密度大的矿粒在下层紧贴着跳汰机的筛板。这样经过多次反复使分层趋于分明，然后利用适当的装置将轻重两层矿粒分开，从而得到两种产品：精矿和尾矿。

跳汰机类型较多，根据使跳汰机内的水流产生上升下降垂直交变运动的方式不同，可将跳汰机分成以下四种：偏心连杆式跳汰机（包括活塞跳汰机和隔膜跳汰机）、无活塞跳汰机、水力鼓动跳汰机和动筛跳汰机。

目前，选矿厂主要使用的是隔膜跳汰机。根据隔膜位置的不同又可分为：①上动型隔膜跳汰机（又称典瓦尔型），它的隔膜位于机体的上部；②下动型圆锥隔膜跳汰机，它的隔膜位于跳汰室之下；③侧动型隔膜跳汰机，它的隔膜位于跳汰室的一侧，其中包括梯形跳汰机、矩型跳汰机等。

无活塞跳汰机中水运动不是靠活塞或隔膜的直接传动，而是由鼓风机送来的压缩空气使水作上下交变运动的。这种跳汰机一般在选煤工业中应用。

动筛跳汰机是利用筛子在水中上下运动，造成上升与下降水流。我国一些小型选厂的简便手摇跳汰机属于这一类型。

62　钨选矿中溜槽选矿机的结构和基本工作原理是什么？

溜槽选矿属于斜面流分选过程。矿浆给到有一定倾斜的斜槽或斜面上，在水流推动下，矿粒群松散并分层，上层轻矿物迅速排出槽外，下层重矿物则滞留在槽内或以低速自下部排出，分别接取后，即得精矿和尾矿。溜槽是最早出现的选矿设备。古代用淘洗方法选收重砂矿物，使用的工具就是原始的溜槽。有些粗粒砂金溜槽和砂锡溜槽沿袭至今仍在使用。

19 世纪中叶出现了机械传动的带式溜槽和圆形溜槽，成为当时细粒有色金属矿石的主要选别设备。此后出现了跳汰机和摇床，使溜槽的应用相对减少。但溜槽以其结构简单、生产费用低廉的优势，仍在粗、中、细粒矿石的选别中广泛应用。20世纪 40 年代出现的多层自动溜槽，50 年代出现的尖缩溜槽和 60 年代制成的圆锥选矿机、摇动翻床等，开辟了溜槽现代化的道路。矿泥溜槽已成为处理微细粒级矿石的有效手段。

溜槽的主要优点是设备结构简单，投资和生产费用低廉，粗、中粒溜槽还有较高处理能力，缺点是分选精确性较低，因而适合作粗选设备使用。目前广泛用于处理钨、锡、金、铂、铁及某些稀有金属矿石，尤其在处理低品位砂矿方面应用更多。按所处理的矿石粒度，溜槽可分为三类：①粗粒溜槽，给矿最大粒度在 2～3mm 以上，最大可达 100～200mm；②矿砂溜槽，处理 2～3mm 粒级矿石；③矿泥溜槽，给矿粒度小于 0.074mm。

63　锯齿波跳汰机在黑钨矿选矿中的应用如何？

新型的 JT 型锯齿波跳汰机，具有锯齿波型差动跳汰曲线，压程快，吸程缓慢，加强了床层松散及矿粒按密度分层作用，有利于细粒重矿物的充分沉降（钻隙作用），可大幅度减少筛下补加水量，弥补了典瓦尔型跳汰机的不足，固而对处理宽级选别物料回收率高且节省水、电。铁山垅钨矿用 JT 型锯齿波跳汰机代替典瓦尔型跳汰机，选别含 WO_3 0.477%的-1.6mm 粒级合格矿石，产出精矿含 $WO_3$34.72%，回收率为 61.96%，较典瓦尔型跳汰机回收率高 3.34%，节约水量 32%。用其处理-12mm 粒级原矿石，也获得较好的选别指标。

处理-1.6mm 粒级合格矿石，JT 型锯齿波跳汰机与典瓦尔型跳汰机相比，电耗减少 0.17kW·h/t 矿，下降 22%；水耗减少 0.93m^3/t 矿，节省 32%；材料、配件消耗减少 0.037 元/t 矿；回收率提高 3.34%，其中-0.71mm 粒级回收率提高 10%～l2%。用 JT 型锯齿波跳汰机处理-12mm 粒级含 WO_3 0.676%的原矿石，得到精矿含 WO_3 35.10%，回收率为 55.05%，精矿富集比 51.9。可回收绝大部分单体黑钨矿，直接送精选段加工，实现钨的早收多收，为减少选矿过程中钨的损失、节约选矿能耗起到积极作用。

64 什么是黑钨矿选矿中的磁选作业？有何应用？

黑钨矿是弱磁性矿物，利用这一点可以把黑钨矿同无磁性的白钨矿分离，也可以与其他非磁性矿物分离。磁选可用湿式强磁选机、高梯度磁选机进行。试验研究表明，对于一种通风防尘收集的细粒钨粉尘物料，其粒度为 -0.074mm 的占 80%，其中黑钨占 74%，白钨占 26%。当给矿品位为 4.6% 时，可获得钨精矿品位为 59.55%，钨的回收率为 77.88%，其中黑钨回收率达 89.08%。对湖南瑶岗仙钨矿的钨细泥采用高梯度磁选机一次粗选、一次精选、二次扫选的磁选流程试验，当给矿品位为 0.43% 时，获得精矿品位为 21.89%，钨细泥回收率为 77.11%。研究结果说明，高梯度磁选机用于黑钨细泥选别是可行的，特别对于 $<$10pm 的微泥，回收效果更是优于其他选别方法。因此，高梯度磁选机用于黑钨细泥选别是值得推广和重视的高效设备。

65 高梯度磁选机的结构和工作原理是什么？

高梯度磁选机的磁系采用优质铁氧体材料或与稀土磁钢复合而成，根据用户需要，可提供顺流型、半逆流型、逆流型等多种不同表面磁场强度的磁选。在高梯度磁选机工作过程中，对于每一组磁介质而言，冲洗精矿的方向与给矿方向相反，粗颗粒不必穿过磁介质堆便可冲洗出来，从而有效地防止磁介质的堵塞；设置矿浆高频振动机构，驱动矿浆产生脉动流体力。在脉动流体力的作用下，矿浆中的矿粒始终处于松散状态，可提高磁性精矿的质量；平环高梯度磁选机对给矿粒度要求比较严格，独特的磁系结构及优化组合的磁介质，使磁选机给矿粒度上限达到 2.0mm，简化了现场分级作业，具有更广泛的适应性；采用多梯度介质技术和液位稳定控制装置使铁精矿品位和回收率提高；转环转速及高频振动箱振动频率采用变频器无级调节；与国内同类产品比较，其独特的设计有效地解决了转环的"步进"现象。

高梯度磁选机采用转环立式旋转、反冲精矿，并配有高频振动机构，从根本上解决了平环强磁磁选机和平环高梯度磁选机磁介质容易堵塞这一世界性技术难题。它具有富集比大，对给矿粒度、浓度和品位波动适应性强，工作可靠，操作维护方便等优点。在工作时，矿浆经给矿箱流入槽体后，在给矿喷水管的水流作用下，矿粒呈松散状态进入槽体的给矿区。在磁场的作用下，磁性矿粒发生磁聚而形成"磁团"或"磁链"，"磁团"或"磁链"在矿浆中受磁力作用，向磁极运动，而被吸附在圆筒上。磁极的极性沿圆筒旋转方向是交替排列的，并且在工作时固定不动，"磁团"或"磁链"在随圆筒旋转时，由于磁极交替而产生磁搅拌现象，夹杂在"磁团"或"磁链"中的脉石等非磁性矿物在翻动中脱落下来，最终吸在圆筒表面的"磁团"或"磁链"即是精矿。精矿随圆筒转到磁系边缘磁力最弱处，在卸矿水管喷出的冲洗水流作用下卸到精矿槽中。非磁性或弱磁性矿物留在矿浆中随矿浆排出槽外，即是尾矿。目前高梯度磁选机的种类高达 20 多种，由于其卓越的性能，高梯度磁选机在选铁行业中稳坐带头大哥的位置。

66　干式永磁强磁选机在黑钨矿分选中的应用研究如何？

一些弱磁性矿物（如褐铁矿、锰矿、钨矿、钽铌铁等）必须要用强磁选设备才能实现有效的分选，并且经常要用干法强磁选。目前，粗颗粒弱磁性矿物磁选的主要设备有电磁感应辊式强磁选机和中磁场圆筒型磁选机。前者存在入选粒度上限较低、运行费用大、设备磨损和维修成本高等缺点，现已逐渐淘汰；后者则因有效分选磁场强度难以提高到 1.0T 以上，目前虽然已在中弱磁性矿石处理方面得以广泛应用，但不能有效解决弱磁性粗大矿石的高效分选问题。

近几年研制的干式永磁强磁选机可用于这些弱磁性矿物的分选，目前已得到了广泛的应用，如非金属矿除铁、粗粒红柱石选矿、褐铁矿选矿等，而在黑钨分选中的应用还未见报道。采用该设备应用在钨锡矿分选精选段，用来分离具有弱磁性的黑钨矿，研究结果表明，该设备性能良好，分选效果十分理想。

67　干式永磁强磁选机的结构特点及工作原理是什么？

以双辊式干式永磁强磁选机为例进行说明。该设备主要由永磁辊、从动辊、输送皮带、给料槽、机架、电机、调速器等部分组成，如图 4-6 所示。

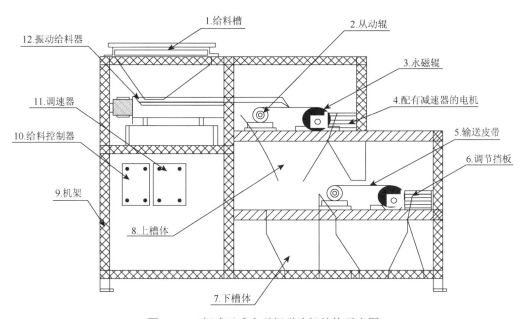

图 4-6　双辊式干式永磁辊磁选机结构示意图

矿物由振动给料器均匀地给入输送皮带上，由输送皮带将其送入永磁辊分选区，无磁性的矿物在高速运转的永磁辊产生的离心力作用下，抛离永磁辊表面的皮带，进入非磁性矿物的料斗中，成为非磁性产品；弱磁性矿物则在永磁辊的高磁场的吸力作用下，随输送皮带继续运行，到达皮带分离点后，受皮带的张力作用脱离其表面，进入磁性矿物料斗，即为磁性产品，从而实现弱磁性矿物和非磁性矿物的有效分离。

该设备的主要特点如下。

（1）该设备分选磁场强度高，目前辊表面磁场强度可达 1.3T。

（2）入选物料粒度范围宽，大致为 0.1～15mm。

（3）与电磁感应辊相比，节能效果显著。

（4）单台磁选机可设计成多层，一台设备可完成多段选别作业，因此节省占地面积，基建费用低。

68 黑钨矿浮选捕收剂都有哪些？

（1）含砷原子的捕收剂。甲苯肿酸和混合甲苯肿酸最初用于浮选黑钨细泥，取得了良好的效果。后来，人们发现苄基肿酸捕收性能和甲苯肿酸极为接近，而且其合成工艺简单，成本低。且苄基肿酸合成时没有合成甲苯肿酸时所产生的有毒废水和有毒胶泥，没有三废处理问题等。还有报道表明，甲苄肿酸的选别指标优于苄基肿酸，且其用药量更低。但这类药剂毒性较大，是这类药剂的一个缺点。

（2）含磷原子的捕收剂。有报道的含磷原子捕收剂有 2-苯乙烯膦酸、浮锡灵（十二烷基胺基双次甲基膦酸）等，这类化合物较含砷类化合物的毒性低，另外 2-苯乙烯膦酸不浮选白钨矿，没有黑白钨的分选，曾经一度研究活跃，但是随着现在冶炼技术的进步，无需分离黑白钨，这又使其成为一种不利因素。

（3）含氮原子的捕收剂。有报道的含氮原子的捕收剂有烷基氨基乙酸类、正十六胺乙酸、羟肟酸类、8-羟基喹啉、铜铁灵、α-亚硝基-β-萘酚、美狄兰等。这类捕收剂的成本较高，在钨精矿价格较低的前些年，基本停留在实验室阶段，尤其是 8-羟基喹啉、铜铁灵、α-亚硝基-β-萘酚、美狄兰。其中，关于羟肟酸类捕收剂的研究较活跃。水杨羟肟酸、萘羟肟酸、苯甲羟肟酸等螯合捕收剂的研制和应用都获得很好的效果。试验研究和选矿实践表明，这类羟肟酸是黑钨矿的良好捕收剂。高玉德采用以水玻璃为主的组合抑制剂、BD 单一抑制剂和以苯甲羟肟酸为主的混合捕收剂，处理柿竹园多金属矿白钨加温精选尾矿，品位含 WO_3 为 1.74%（质量分数），经一次粗选、三次扫选、三次精选，能获得精矿品位 $WO_3>65\%$、回收率$>90\%$（质量分数）的闭路试验结果。

69 黑钨矿浮选调整剂都有哪些？

黑钨矿浮选过程中的 pH 调整剂和脉石矿物的抑制剂基本上与白钨矿的浮选相同。常用活化剂有硝酸铅、硫酸亚铁等。研究表明：Mn^{2+}、Fe^{2+} 等金属阳离子对黑钨矿浮选有活化作用，其原因是 Mn^{2+}、Fe^{2+} 是黑钨矿晶格同名离子，在黑钨矿的矿浆中加入这些离子后可通过化学键吸附到表面形成新的活性区。Mn^{2+} 的水化能力比 Fe^{2+} 小，不易从表面解吸，在黑钨矿表面固着比 Fe^{2+} 更为牢固，故 Mn^{2+} 的活化作用更强。

70 硝酸铅活化黑钨矿浮选机理是什么？

根据浮选溶液化学，硝酸铅在溶液中发生电离和水解反应，生成各种羟基配合物，各成分存在如下平衡关系：

$$Pb(NO_3)_2 \rightleftharpoons Pb^{2+} + 2NO_3^- \tag{4-1}$$

$$Pb^{2+} + OH^- \rightleftharpoons Pb(OH)^+ \tag{4-2}$$

$$Pb^{2+} + 2OH^- \rightleftharpoons Pb(OH)_2(水) \tag{4-3}$$

$$Pb^{2+} + 3OH^- \rightleftharpoons Pb(OH)_3^- \tag{4-4}$$

$$Pb^{2+} + 2OH^- \rightleftharpoons Pb(OH)_2(水) \tag{4-5}$$

作硝酸铅的 $\lg C$-pH 图（图 4-7）

$$\lg C_{Pb^{2+}} = 43.1 - 2pH \tag{4-6}$$

$$\lg C_{Pb(OH)^+} = 35.4 - pH \tag{4-7}$$

$$\lg C_{Pb(OH)_2(水)} = 26 \tag{4-8}$$

$$\lg C_{Pb(OH)_3^-} = 15 + pH \tag{4-9}$$

由图 4-7 可见，溶液中的 $C_{Pb(OH)_2(水)}$ 为恒值，pH≤7.7 时，各种铅离子浓度的大小顺序为 $C_{Pb^{2+}} > C_{Pb(OH)^+} > C_{Pb(OH)_2} > C_{Pb(OH)_3^-}$，pH=9.5 时，正价铅离子成分和负价铅离子成分的浓度差别不大，随着 pH 进一步提高，负价铅的羟合离子浓度更大。

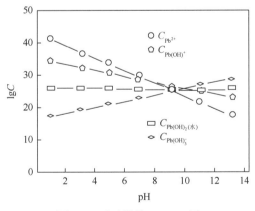

图 4-7 硝酸铅的 $\lg C$-pH 图

从硝酸铅的成分分布分析，硝酸铅对黑钨矿的活化在 pH 为 0~9.5，此时矿浆中 Pb^{2+} 和 $Pb(OH)^+$ 是活化黑钨矿和吸附在黑钨矿表面的主要成分，而当 pH>9.5 时，由于溶液中 $Pb(OH)_3^-$ 浓度更高，负离子吸附在黑钨矿表面的阳离子区，排斥阴离子捕收剂的吸附，这时硝酸铅起不到活化作用。

1）硝酸铅对黑钨矿表面 ζ-电位的影响

在黑钨矿晶格中，铁、锰离子的水化能大，Fe^{2+} 的水化能 1952.06 kJ/mol，Mn^{2+}

的水化能 1864.28kJ/mol，两者都大于 WO_4^{2-} 的水化能 836kJ/mol，因此，在水溶液中，Fe^{2+} 和 Mn^{2+} 优先进入溶液，黑钨矿表面的定位离子以 WO_4^{2-} 占优势。在纯水中，表面带负电，Weiba 等对三种不同组成的黑钨矿进行测定，黑钨矿表面 ζ-电位介于 $-1\sim-8mV$，测定结果见表 4-1。

表 4-1　纯水中黑钨矿的 ζ-电位

样品	Fe/%	Mn/%	Mn/Fe	ζ-电位/mV
A	7.8	13.1	1.7	−1
B	8.3	9.9	1.2	−4
C	12.9	7.0	0.5	−8

在不同 pH 下添加硝酸铅（$C_{Pd^{2+}}=1\times10^{-4}mol/L$）与不加硝酸铅黑钨矿表面 ζ-电位的变化见图 4-8。图 4-8 曲线表明，未加硝酸铅时，在强酸性即 pH 小于 3 的介质中，ζ-电位才变为正值。在弱酸性、中性及碱性介质中，ζ-电位均为负值。随着 pH 增大，ζ-电位的负值增大。当溶液中添加硝酸铅厚时，黑钨矿表面的 ζ-电位发生变化。pH 为 5~7 时，ζ-电位由负值变为正值。pH 为 4~10 时，ζ-电位提高了 15mV 以上，从而使黑钨矿表面的 ζ-电位能够在较宽的 pH 范围内保持较低的负值，有利于阴离子捕收剂的吸附。

在自然 pH 下，当硝酸铅用量变化时，硝酸铅用量与 ζ-电位关系曲线见图 4-9。图 4-9 曲线表明，硝酸铅的浓度对黑钨矿表面 ζ-电位有明显影响。当硝酸铅浓度低于 $1\times10^{-4}mol/L$ 时，随着硝酸铅浓度的增加，ζ-电位缓慢增加，这主要是铅离子与黑钨矿表面在静电力作用下所发生的物理吸附现象。当硝酸铅浓度大于 $1\times10^{-4}mol/L$ 时，ζ-电位由负值变为正值并迅速增大，表面正价铅离子与黑钨矿表面存在着特性吸附，属于化学吸附的特征。由于 ζ-电位由负变正，说明正价铅离子的化学吸附起主要作用。

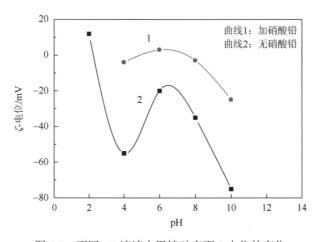

图 4-8　不同 pH 溶液中黑钨矿表面 ζ-电位的变化

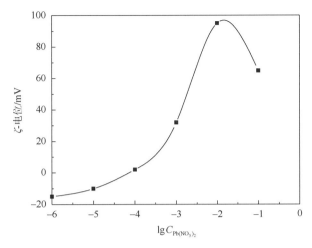

图 4-9 硝酸铅用量与 ζ-电位的关系曲线

2）铅离子活化黑钨矿的浮选模式

从上面分析可知，在 pH＜9.5 的条件下，硝酸铅在溶液中的主要作用成分是 Pb^{2+} 和 $Pb(OH)^+$。它们在黑钨矿表面的化学吸附使 ζ-电位符号改变，因此在黑钨矿表面形成以 Pb^{2+} 和 $Pb(OH)^+$ 为中心的活性区，这些活性区的存在促进了捕收剂（A）与其相互作用，提高黑铅矿的浮选指标。

上述作用可表述如下：

$$(Fe,Mn)WO_4+Pb^{2+} \longrightarrow [(Fe,Mn)WO_4]Pb^{2+}$$

$$[(Fe,Mn)WO_4]Pb^{2+}+2A^- \longrightarrow [(Fe,Mn)WO_4]Pb\begin{smallmatrix}A\\A\end{smallmatrix}$$

$$(Fe,Mn)WO_4+Pb(OH)^+ \longrightarrow [(Fe,Mn)WO_4]Pb(OH)^+$$

$$[(Fe,Mn)WO_4]Pb(OH)^++A^- \longrightarrow [(Fe,Mn)WO_4]Pb(OH)—A$$

71 为什么 Mn^{2+} 可以活化黑钨矿？

黑钨矿为单斜晶系，根据晶体结构计算，O^{2-} 高出 Fe^{2+} 0.68Å，Mn^{2+}（Fe^{2+}）受到 O^{2-} 的掩蔽，需要加活化剂。根据同名离子优先吸附原则，选定 Mn^{2+}、Fe^{3+} 为活化剂。试验发现，添加 $MnCl_2$ 能大大提高分选指标。Mn^{2+} 的添加，仅使 ζ-电位值变小，但仍未能使其变正号。从 ζ-电位曲线发现，Mn^{2+} 使近零区域范围增宽，这样更有利于絮凝剂的吸附，从而解释了 Mn^{2+} 活化效果好的原因。

从原子吸收光谱测定吸附量发现，pH 为 5～8 时，Mn^{2+} 的吸附量在 2.0mg/g 以上，最大吸附量发生在 pH 为 7.0 处，而 pH 为 7.0 左右絮凝效果最好，与试验结果相吻合，见图 4-10。

通过溶液化学中水解组分的计算，然后与试验结果相对照，以确定是 Mn^{2+} 还是 $Mn(OH)^+$ 羟基络合物为活化成分。

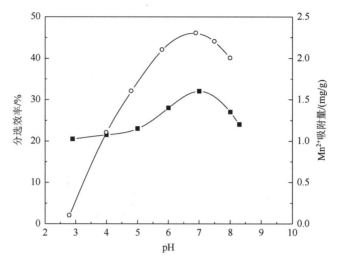

图 4-10 Mn^{2+} 吸附量、分选效率 E 与矿浆 pH 的关系

$MnCl_2$ 水解组分有 Mn^{2+}、$Mn(OH)^+$ 和 $Mn(OH)_2(aq)$ 等，有下列方程式成立：

$$(T_{Mn^{2+}}=1.58\times10^{-4}\text{mol/L})$$

$$Mn^{2+}+OH^- \rightleftharpoons Mn(OH)^+$$

$$\beta_1=10^{+3.4} \tag{4-10}$$

$$Mn(OH)^+ + OH^- \rightleftharpoons Mn(OH)_2(aq)$$

$$\beta_2=10^{+5.8} \tag{4-11}$$

$$Mn(OH)_2(aq) \rightleftharpoons Mn(OH)_2(s)$$

$$K_{sp}=10^{-12.6} \tag{4-12}$$

通过联立方程解得

$$[Mn^{2+}]=T_{Mn^{2+}}/(1+\beta_1[OH^-]+\beta_2[OH^-]^2) \tag{4-13}$$

$$[MnOH^+]=T_{Mn^{2+}}\beta_1[OH^-]/(1+\beta_1[OH^-]+\beta_2[OH^-]^2) \tag{4-14}$$

$$[Mn(OH)_2(aq)]=T_{Mn^{2+}}\beta_2[OH^-]^2/(1+\beta_1[OH^-]+\beta_2[OH^-]^2) \tag{4-15}$$

计算步骤如下。

（1）先假定没有 $Mn(OH)_2(s)$ 生成，按式（4-10）～式（4-12）求出不同 pH 时各组分的浓度，然后判断 $[Mn^{2+}][OH^-]^2/K_{sp}$ 是否大于 1。若成立，则有 $Mn(OH)_2(s)$ 生成。

（2）求开始生成 $Mn(OH)_2(s)$ 的 pH_s。

由物料平衡得

$$T_{Mn^{2+}}=[Mn^{2+}]+[Mn(OH)^+]+[Mn(OH)_2(aq)] \tag{4-16}$$

$$[Mn^{2+}]=K_{sp}/[OH^-]^2 \tag{4-17}$$

联立式（4-16）和式（4-17）求出 $[OH^-]$，从而得到 pH。

（3）求生成 $Mn(OH)_2(s)$ 的沉淀量 m。

生成沉淀后，式（4-18）和式（4-19）成立：

$$[Mn^{2+}]=K_{sp}/[OH^-]^2 \tag{4-18}$$

$$T_{Mn^{2+}}=[Mn^{2+}]+[Mn(OH)^+]+[Mn(OH)_2(aq)]+m \tag{4-19}$$

联立式（4-18）和式（4-19），求出不同 pH 条件下（pH＞pH$_s$）的 m 值。

（4）求生成沉淀后的各组分浓度（pH＞pH$_s$ 时）。

$$[Mn^{2+}]=(T_{Mn^{2+}}-m)/(1+\beta_1[OH^-]+\beta_2[OH^-]^2) \tag{4-20}$$

$$[Mn(OH)^+]=[Mn^{2+}]\cdot\beta_1[OH^-] \tag{4-21}$$

$$[Mn(OH)_2(aq)]=[Mn^{2+}]\cdot\beta_2[OH^-]^2 \tag{4-22}$$

计算结果如表 4-2 所示。

表 4-2 　pH 与 Mn^{2+} 各种水解组分的关系 　　（单位：mol/L）

pH	Mn^{2+}	Mn(OH)$^+$	Mn(OH)$_2$(aq)	Mn(OH)$_2$(s)
4	1.58×10^{-4}	6.29×10^{-10}	1.58×10^{-17}	0
5	1.58×10^{-4}	6.29×10^{-9}	1.58×10^{-15}	0
6	1.58×10^{-4}	6.29×10^{-8}	1.58×10^{-13}	0
7	1.58×10^{-4}	6.29×10^{-7}	1.58×10^{-11}	0
8	1.576×10^{-4}	6.29×10^{-6}	9.95×10^{-10}	0
9	1.54×10^{-4}	6.29×10^{-6}	9.70×10^{-9}	0
10	2.5×10^{-5}	6.29×10^{-6}	1.56×10^{-7}	1.26×10^{-4}
11	2.5×10^{-7}	6.29×10^{-6}	1.58×10^{-7}	1.57×10^{-4}

注：pH$_s$=9.62；$T_{Mn^{2+}}$=1.58×10^{-4}mol/L；m=［Mn(OH)$_2$(s)］

由表 4-2 可知，在中性 pH 范围内水解主要成分是 Mn^{2+}，而不是 Mn(OH)$^+$。与图 4-10 相对照，可确定活性成分是 Mn^{2+}。

72　苯甲羟肟酸对黑钨矿的捕收机理是什么？

我国对羟肟酸的合成和应用研究始于 20 世纪 60 年代后期，70 年代用于工业生产。目前已在稀土、锡石、氧化铜矿和铁矿浮选中推广应用。实践证明，羟肟酸是一种高选择性的氧化矿捕收剂。

苯甲羟肟酸是浅黄色至棕黄色的结晶体，在矿物浮选中，苯甲羟肟酸的极性基即羟肟基与矿物表面的金属离子作用。非极性基的苯环部分作为疏水基团使矿物上浮。苯甲羟肟酸已成功地应用于细粒黑钨矿浮选，苯甲羟肟酸不但是黑钨矿的高效捕收剂，也是一种有发展前景的其他氧化矿的捕收剂。因此探索其捕收机理，对该药剂的推广应用具有重要意义。

螯合作用和产物合成的含苯甲基的羟肟酸产品具有两种互变异构体，分子结构如下：

前者为苯甲羟肟酸，后者为苯甲异羟肟酸或氧肟酸，这两种产物同时存在，并以异羟肟酸为主，但在习惯上人们把它称为苯甲羟肟酸。在配位化学中属于二齿配体，配位原子是氧原子和氮原子，能和金属离子发生很强的键合作用，生成螯合物。由于螯环的特殊结构及螯合效应的影响，苯甲羟肟酸与金属离子形成的螯合物，比组成与结构相近的直线型捕收剂与金属离子作用所生成产物的稳定性要高得多。苯甲羟肟酸与黑钨矿中 Fe^{2+}、Mn^{2+}作用是 O—O 键合和 N—O 键合原子的化学作用。两异构体与 Fe^{2+}螯合生成表面化合物的反应式如下。

羟肟酸两异构体通过 N、O 原子与黑钨矿表面的 Fe^{2+}、Mn^{2+}发生键合作用，生成四原子环和五原子环的螯合物。

73　钨矿选矿作业中细泥是如何产生的？

钨矿物性脆，在生产过程中容易产生细粒。细粒通常是指小于 0.074mm 的矿泥。

细泥主要来自两方面：①原生细泥——来自原矿洗矿的溢流；②次生细泥——来自破碎磨矿作业产生的粉矿和分级溢流。据统计，细泥的产出率约占原矿的 10%，WO_3占有率大于 14%，矿泥品位通常比原矿高，属于难选物料。

74　钨矿选矿作业中细泥如何处理？

我国黑钨矿选厂的细泥普遍采用集中归队、单独处理的方法。其工艺流程可归纳为四种：①强磁选-浮选流程；②离心选矿机-浮选流程；③分级-摇床-离心选矿机流程；④摇床-重选流程等。其中以①、②两种流程的选矿效果最好；③、④两种流程主要用重选回收钨细泥，实践证明单用重选法回收，作业回收率只有 45%左右，其中小于 30μm 的细泥黑钨矿几乎全部损失。

强磁选-浮选流程是根据黑钨矿具有弱磁性而考虑的。细泥浓缩后用湿式强磁选机丢尾，强磁选精矿添加浮选硫化矿的药剂脱硫，再用浮选黑钨矿的药剂浮钨。湿式强磁选可有效回收 10μm 以上的钨矿物。例如，江西浒坑钨矿的钨细泥，采用强磁选-浮选流程，原矿泥品位为 0.506%WO_3，选别后最终钨精矿品位为 45%～50%WO_3，作业回收率为 83.2%～84.7%。

离心选矿机-浮选流程利用离心机进行钨细泥粗选，丢弃大部分脉石，离心机精矿用浮选精选，精矿品位和回收率均可大幅度提高。例如，江西铁山垅钨矿，钨细泥品位为 0.3%～0.4%WO_3，矿泥经浓缩后进行硫化物浮选，浮硫尾矿进入离心机分选，离心机精矿再浮硫，最终获得精矿品位为 36.75%WO_3、作业回收率为 74.75%的好指标。

国外处理钨细泥时广泛采用巴特莱-莫兹利翻床作粗选和巴特莱横流皮带作精选。例如，葡萄牙 Panasqueira 钨矿，使用巴特莱翻床粗选，粗精矿再用横流皮带精选，获得钨精矿品位为 20%WO_3 以上，作业回收率为 70%。加拿大 Timmins 钨选厂，采用该种设备处理小于 0.1mm 黑钨矿，富集比为 4:1，作业回收率为 84.4%，其中小于 37μm 的回收率达 81%。

浮选法回收细泥黑钨矿的核心是浮选药剂，而浮选药剂的关键是捕收剂。黑钨矿浮选常用的捕收剂有：①脂肪酸及其皂类，主要为油酸、油酸钠及氧化石蜡皂等；②胂酸类及膦酸类，胂酸类包括甲苯胂酸、苄基胂酸及甲苄胂酸等，膦酸类有苯乙烯膦酸、烷基双膦酸等，它们都是黑钨矿有效捕收剂，苯乙烯膦酸的捕收能力优于胂酸，但选择性不如胂酸；③羟肟酸类螯合剂，包括 8-羟基喹啉、环烷基羟肟酸和 α-亚硝基-β-萘酚等，这类捕收剂对黑钨矿的捕收能力最强，且对萤石和石英无捕收作用。据报道，用甲苄胂酸作捕收剂浮选浒坑钨矿细泥，当矿泥品位为 0.33%WO_3 时，经浮选后精矿品位提高到 39.5%WO_3，回收率为 84.72%，分选指标达 84.02%。又如，用异羟肟酸作捕收剂，在 pH 为 5～6 的条件下，浮选含 0.43%WO_3 的钨矿泥，可获得钨精矿含 24%WO_3、回收率为 75%的结果。

黑钨矿浮选常用碳酸钠和硫酸等作为介质调整剂；活化剂多用金属阳离子（如 Pb^{2+}、Fe^{3+}、Fe^{2+}、Mn^{2+}、Cu^{2+} 等）的金属盐；脉石抑制剂有水玻璃、氟硅酸钠、六偏磷酸钠及羧甲基纤维素等。

近年来为了更有效地处理微细粒黑钨矿推出了一些新工艺，如选择性絮凝-浮选、载体浮选、油团聚、剪切絮凝-浮选等。

选择性絮凝-浮选采用高分子絮凝剂使目的矿物选择性絮凝形成较大絮团，然后添加捕收剂按常规浮选法实现絮团浮选。据报道，用相对分子质量为 80 万的聚丙烯酸处理微细粒黑钨矿，以油酸钠为捕收剂，在 pH 为 6.8 条件下对小于 20μm 黑钨、石英人工混合矿（1:1）进行分离，获得含 68.64%WO_3、回收率 91.31%、分选效率 69.10%的精矿（比常规浮选提高了 17.83%）。

载体浮选实质是用一种粗粒物料作为载体，使细粒在粗粒表面选择性黏附而进行分离。在黑钨矿分支粗选、分速精选工艺中，前支浮选泡沫精矿可作为后支细粒浮选载体。进一步研究表明，用 25～38μm 粗粒黑钨矿作为 -5μm（小于 5μm）细粒的载体，浮选由 -5μm 黑钨与 -20μm 石英组成的人工混合矿；当混合矿含 0.3%WO_3 时，获得精矿品位 74.98%、回收率 79.47%的可喜指标（而用常规浮选精矿品位 53.97%，回收率 40.75%）。

油团聚是用中性油作为桥联介质，使细粒形成粗大、坚实的油团，然后用筛分或淘洗法使油团与悬浮液分离。国内有人研究黑钨矿油团聚行为；以中性油为团聚剂，Fe^{3+} 能活化黑钨矿油团聚。印度采用油团聚处理品位为 0.04%WO_3 贫白钨矿，得到的精矿含 14%WO$_3$，回收率达 90%。

剪切絮凝-浮选是根据在强力搅拌作用下，微细粒矿物由于捕收剂的疏水作用而相互团聚形成疏水絮团，然后达到浮选分离。对–5μm 黑钨细粒研究发现，在 pH 为 9、油酸钠浓度为 30mg/L、搅拌速度为 1650r/min 的条件下，对–5μm 黑钨与石英人工混合矿矿浆，搅拌 45min 后浮选，获得含 39.38%WO$_3$、回收率 82.5%的精矿；常规浮选指标为精矿品位 30.14%WO$_3$，回收率 58.92%（原矿品位 12.18%WO$_3$）。

应当指出，上述新工艺虽对微细矿粒的处理和回收有着明显优势，但这些新工艺目前仅停留在实验研究阶段，与工业生产尚有较大距离。特别对工艺本身的诸多因素和条件还有待进一步研究和完善。

用磁选法处理黑钨矿细粒是根据黑钨矿具有弱磁性的特征，从而可用强磁场磁选机分选而实施的。自 20 世纪 70 年代以来，我国自行研制的 SHP 型、立环型和 SQC 型湿式强磁选机已在我国钨矿山广泛应用。例如，广西大明山钨矿采用 SHP-1000 型磁选机，在磁场强度 1100Oe（1Oe=10^{-4}T）条件下，分选品位 0.16%WO$_3$、粒度 0.2mm 的原矿，经一次粗选可得品位 3.59%WO$_3$ 的精矿，作业回收率为 79.96%。该磁选精矿再用摇床精选，可获得品位为 65.89%WO$_3$ 的最终精矿，对黑钨矿原矿的回收率为 60.08%。另外高梯度磁选也在处理黑钨细泥中进行了研究。例如，瑶岗仙钨矿采用 1.5×10^{4}Oe 的高梯度磁选机处理细泥，原矿含 0.43%WO$_3$，经磁选后获得的精矿品位为 21.89%WO$_3$，回收率为 77.11%。其他如浒坑钨矿、大吉山钨矿、盘古山钨矿、漂塘钨矿及柿竹园钨矿等在生产实践中均不同程度地采用了湿式强磁选或高梯度磁选，取得了良好的技术经济指标。

75　什么是微细粒黑钨矿选择性絮凝工艺？

选择性絮凝工艺就是在高速搅拌的矿浆中，添加适宜的调整剂（pH 调整剂和脉石矿物分散剂）调浆，使各种矿物处于分散状态，然后添加选择性絮凝剂，使目的矿物絮凝成团，脉石矿物处于分散状态，根据矿石性质再辅以各种分选方法（重选、磁选、浮选等），使目的矿物与脉石矿物分离。选择性絮凝工艺过程简单，易工业化，是一种很有发展前途的回收微细粒有用矿物的分选工艺。成功的选择性絮凝工艺需要解决两大问题：一是研究出目的矿物的选择性絮凝剂，二是研究出克服 Ca^{2+}、Mg^{2+} 不良影响的调整剂和有效的脉石矿物分散剂。

76　常见微细粒黑钨矿选择性絮凝剂种类和性能如何？

1）阴离子聚丙烯酰胺（APAM）对黑钨矿及四种脉石矿物的絮凝性能

阴离子聚丙烯酰胺是一种絮凝能力很强的絮凝剂。它的缺点表现为选择性较差。前人曾对 APAM 絮凝微细粒黑钨矿作过一些研究，但效果不理想。

图 4-11 为 APAM 在不同 pH 矿浆中对微细粒黑钨矿及四种脉石矿物的絮凝效果。可以看出，在较广泛的 pH 范围内，APAM 只对石英无絮凝效果，对其余四种矿物均有较强的絮凝能力。这表明，APAM 有很强的絮凝能力，但选择性较差。

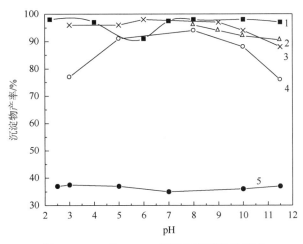

图 4-11 pH 对 APAM 絮凝各种矿物的影响

APAM 用量为 4mg/L；沉降时间为 40s；1-黑钨矿；2-方解石；3-萤石；4-石榴子石；5-石英

图 4-12 是 APAM 在不同用量下对微细粒黑钨矿及四种脉石矿物的絮凝效果。可以看出，当 APAM 用量为 4mg/L 时，APAM 对黑钨矿、方解石、萤石和石榴子石的絮凝能力最强；当 APAM 用量超过 4mg/L 时，对石榴子石和方解石的絮凝能力稍有下降，对石英则根本无絮凝效果。

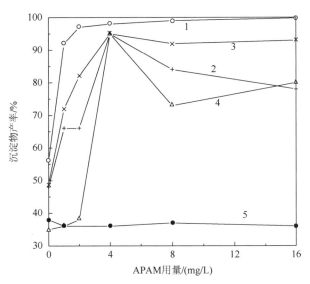

图 4-12 APAM 用量与各矿物絮凝的关系

沉降时间为 40s；其他图注同图 4-11

2）羧甲基纤维素（CMC）对黑钨矿及四种脉石矿物的絮凝性能

CMC 是一种应用最广的水溶性纤维素，主要作为一种抑制剂应用于浮选工业，同时它也是一种絮凝剂。本书对 CMC 絮凝微细粒黑钨矿及四种脉石矿物的行为进行研究，以鉴别其絮凝能力和选择性。图 4-13 是 CMC 在不同 pH 矿浆中对微细粒黑钨矿及四种脉石矿物的絮凝效果。可以看出，在弱碱性矿浆中（pH 为

8～9），CMC 对黑钨矿有较强的絮凝能力，对萤石有中等强度的絮凝能力，对方解石的絮凝能力一般，对石榴子石的絮凝能力很微弱，对石英则根本无絮凝能力。当 pH＞11.6 时，所有矿物均完全分散。实验过程中还发现，与其他絮凝剂相比，CMC 形成的絮团不紧密，相互排斥，流动性差，难以沉降，近似于凝胶形态。

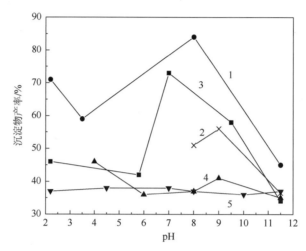

图 4-13　pH 对 CMC 絮凝各种矿物的影响

CMC 用量为 32mg/L；沉降时间为 40s；其他图注同图 4-11

　　图 4-14 是 CMC 在不同用量下对黑钨矿及四种脉石矿物的絮凝效果。可以看出，当 CMC 用量达 64mg/L 时，CMC 对各矿石的絮凝能力顺序依次为黑钨矿＞萤石＞方解石＞石榴子石＞石英。总的来说，CMC 的选择性虽优于 APAM，但絮凝能力很微弱，不宜作为絮凝剂。

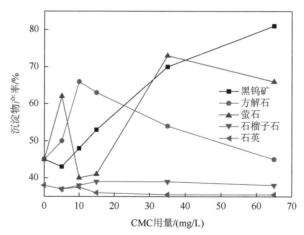

图 4-14　CMC 用量与各矿物絮凝的关系

沉降时间为 40s

　　3）糊精对黑钨矿及四种脉石矿物的絮凝效果

　　糊精是一种变性淀粉，是淀粉不同程度裂解的中间产物，随着不同的化学处理过程，碳链裂解的长短程度也不尽相同。与其他的高分子絮凝剂相比，糊精的分子量较小，糊精应用于选矿，主要作为脉石的抑制剂，同时糊精也具有一定的絮凝能力。因此本书对糊精絮凝微细粒黑钨矿及四种脉石矿物的行为进行了研究。

图 4-15 是糊精在不同 pH 矿浆中对黑钨矿及四种脉石矿物的絮凝效果。在较广泛的pH 范围内（pH>3），糊精对黑钨矿、方解石和萤石均有较强的絮凝能力，对石英无絮凝能力，当 pH<8.5 时，对石榴子石有中等程度的絮凝能力，但当 pH>8.5 时，石榴子石完全分散。总的说来，糊精的絮凝能力比 AFAM 稍弱，但选择性比 APAM 稍强。

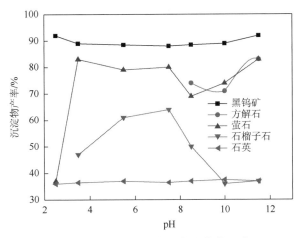

图 4-15　pH 对糊精絮凝各矿物的影响

糊精用量为 32mg/L；沉降时间为 40s

图 4-16 是糊精在不同用量下对微细粒黑钨矿及四种脉石矿物的絮凝效果。可以看出，当糊精用量超过 25mg/L 时，黑钨矿和方解石的絮凝效果随糊精用量的增加而下降，萤石和石榴子石的絮凝效果则随糊精用量的增加而增强，石英在任何糊精用量下都不絮凝，均处于分散状态。

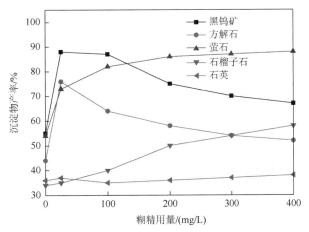

图 4-16　糊精用量与各矿物絮凝的关系

沉降时间为 40s

4）FD 对黑钨矿及四种脉石矿物的絮凝性能

FD 是文献中介绍的一种自制的经过改性的来源广泛的絮凝剂。将 FD 应用于微细粒黑钨矿选择性絮凝的研究。图 4-17 是 FD 在不同用量下对黑钨矿及四脉石矿物的絮凝效果。可以看出，当 FD 的用量在 5~40mg/L 时，黑钨矿絮凝能力最强，方解石次之，萤石第三，石榴子石和石英则完全处于分散状态。当 FD 用量超过 80mg/L 时，所有矿物均完全分散。

由以上四种典型絮凝剂絮凝微细粒黑钨矿及四种脉石矿物的图文分析可知，在絮凝能力上，其顺序依次为 APAM＞FD＞糊精＞CMC；在选择性上，其顺序依次为 FD＞糊精＞CMC＞APAM。综合考察其选择性絮凝效果，FD 是微细粒黑钨矿最适宜的选择性絮凝剂。

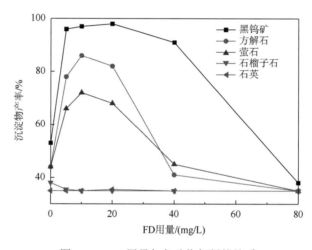

图 4-17　FD 用量与各矿物絮凝的关系

77　常见微细粒黑钨矿选择性絮凝工艺中分散剂的种类和性能如何？

1）水玻璃对黑钨矿及四种脉石矿物的分散效果

图 4-18 是水玻璃在不同用量下对黑钨矿及四种脉石矿物的分散效果。在不同的水玻璃用量下，石榴子石和石英均处于完全分散状态；当水玻璃用量超过 400mg/L 时，萤石完全分散，而黑钨矿和方解石仍絮凝。也就是说，用水玻璃作分散剂，能分散萤石、石榴子石和石英，而不能分散方解石，因而，黑钨矿尚不能实现选择性絮凝。

2）氟硅酸钠对黑钨矿及四种脉石矿物的分散效果

图 4-19 是氟硅酸钠在不同用量下对黑钨矿及四种脉石矿物的分散效果。在不同氟硅酸钠用量下，石榴子石和石英处于分散状态，当氟硅酸钠用量超过 100mg/L 时，萤石受到很大程度的分散，但未彻底分散；方解石则只开始受到较小程度的分散，而黑钨矿则一直处于絮凝状态。与水玻璃相比，氟硅酸钠在分散各矿物的选择性上与水玻璃相近，但其分散效果则比水玻璃差一些。

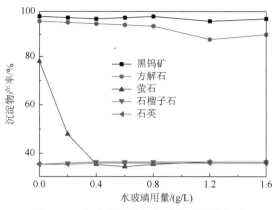

图 4-18　水玻璃用量与各矿物分散的关系

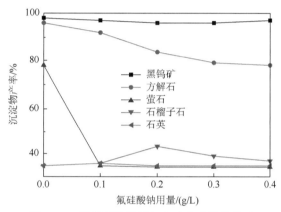

图 4-19　氟硅酸钠用量与各矿物分散的关系

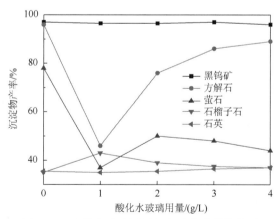

图 4-20　酸化水玻璃用量与各矿物分散的关系

3）酸化水玻璃对黑钨矿及四种脉石矿物的分散效果

图 4-20 是酸化水玻璃在不同用量下对黑钨矿及四种脉石矿物的分散效果。在不同酸化水玻璃用量下，石英一直处于完全分散状态，当酸化水玻璃用量为 1000mg/L 时，方解石和萤石受到较大程度的分散，但并未彻底分散，相反，石榴子石则受到一定程度的絮凝，当酸化水玻璃用量超过 1000mg/L 时，方解石和萤石又开始絮凝，

石榴子石则逐渐分散；当酸化水玻璃用量达 4000mg/L 时，只有石榴子石和石英处于完全分散状态，萤石受到较大程度的分散，但不彻底，黑钨矿和方解石则处于絮凝状态。不难看出，酸化水玻璃对脉石矿物分散性能比氟硅酸钠更差。

4）六偏磷酸钠对黑钨矿及四种脉石矿物的分散效果

图 4-21 是六偏磷酸钠在不同用量下对黑钨矿及四种脉石矿物的分散效果。在不同六偏磷酸钠用量下，石榴子石和石英均处于完全分散状态。当六偏磷酸钠用量超过 200mg/L 时，萤石完全分散，当其用量超过 1600mg/L 时，方解石也完全分散，而黑钨矿则一直处于絮凝状态。不难看出，当六偏磷酸钠用量为 1600mg/L 时，四种脉石矿物均完全分散，只有黑钨矿处于絮凝状态，从而实现黑钨矿的选择性絮凝。

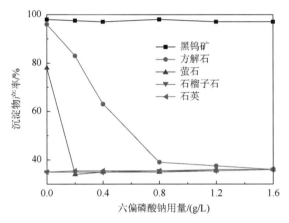

图 4-21　六偏磷酸钠用量与各矿物分散的关系

第三节　白钨矿选矿技术

78　白钨矿选矿方法有哪些？

白钨矿选矿方法主要有重选、浮选及重选-浮选联合流程。白钨矿密度高达 5.4～6.0g/cm³，有利于使用重选方法从石英、方解石之类的脉石矿物以及其他比较轻的矿物中分离，国外 20 世纪 60 年代多用重选法回收白钨。20 世纪 70 年代后采用浮选为主的钨选厂越来越多。白钨矿具有很好的可浮性，一般应采用浮选法，但从经济观点出发，粗粒白钨宜用重选法回收；细粒嵌布的白钨矿采用浮选是合理的。

79　白钨矿浮选工艺有哪些？有何发展？

白钨矿石类型主要可以分为三大类：即白钨-石英（或硅酸盐矿物），白钨-方解石、萤石型和白钨-方解石、萤石、重晶石型。由于后两种类型的白钨矿石在浮选工艺和调整剂使用方面有较多的相似，有的干脆把它归结为白钨-方解石、萤石（重晶石）型。所以，从矿石性质来分区分白钨矿的浮选主要是两种。

在白钨浮选工艺的生产实践中，如果按浮选过程是否加温来分，白钨矿浮选工艺一般可分为两种：浓浆加温法和常温浮选法。

从白钨矿浮选的发展历史来看，可以认为经历了三个阶段：①加温浮选阶段为20 世纪 40 年代末～70 年代初；②常温浮选阶段为 20 世纪 70 年代；③新药剂及新工艺阶段为 20 世纪 80～90 年代。

1）加温浮选阶段

白钨矿浮选一般采用氢氧化钠-水玻璃-捕收剂、碳酸钠-水玻璃-捕收剂两种高碱度工艺进行粗选。粗精矿品位往往很低，且很难精选，需采用特殊工艺处理。这种特殊工艺就是苏联专家彼得罗夫于 20 世纪 40 年代末发明的彼得罗夫法，即加温浮选工艺。它采用强搅拌、高 pH、高水玻璃用量，蒸气加温。该方法成本高、操作复杂。虽然目前仍然有许多选厂（主要是俄罗斯和中国）采用此种工艺，而且这种工艺确实也为钨选矿作出了很大贡献，但是仍然避免不了被淘汰的命运。

2）常温浮选阶段

20 世纪 70 年代，世界经济全面复苏，彼得罗夫法高成本工艺显然已经不能适应时代的发展，因此选矿工作者大力致力于白钨矿常温浮选的研究。研究的热点主要集中于抑制剂的开发及混合使用捕收剂以提高其选择性等方面，这个阶段具有代表性的工艺有两种：碱性介质（氢氧化钠、碳酸钠）-金属盐-水玻璃-混合捕收剂浮选工艺；碱性介质（氢氧化钠、碳酸钠）-水玻璃-烤胶、单宁等大分子有机抑制剂-混合捕收剂浮选工艺。这两种工艺的特点是用碱性介质使矿粒充分分散，用组合抑制剂选择性抑制萤石、方解石及硅酸盐类脉石，再用混合捕收剂捕收钨矿石。这些工艺成本低，效率高，被世界各国选厂广泛采用。

3）新药剂及新工艺阶段

进入 20 世纪 80 年代，随着高品位矿石的开采殆尽，传统的浮选工艺也越来越不能适应矿石的贫、细、杂化，在这种形势下，许多新工艺脱颖而出，其中影响较大的有石灰法、细粒技术等。

80　什么是白钨矿浓浆加温浮选法？生产厂家及主要技术指标是什么？

白钨矿的加温浮选法又叫"彼得罗夫法"，它的基本特点是：对白钨矿粗精矿在高浓度（50%以上，60%～70%更好）矿浆下，添加大量水玻璃（通常 20～150kg/t），进行长时间强烈搅拌，加热矿浆到一定温度并保温一段时间（通常 60min），然后稀释脱药再进行常温浮选。

加温浮选法利用不同矿物表面具有不同的捕收剂膜解析速度，因此矿物的抑制性也不同，从而提高了白钨矿和脉石矿物分离的选择性，达到矿物分离的目的。在工业生产中所使用的加温法是在"彼得罗夫法"的基础上稍加改进，主要有两个方面，其一是加温搅拌过程添加另外药剂与水玻璃联合使用，其二是加温搅拌后不进行脱药直接稀释浮选。

白钨矿加温浮选法工艺过程稳定，分选指标良好，但由于需要蒸气加温，成本较高、操作较复杂、工作环境较差，需要增添浓密设备和加温设备，基建投资较大。因此要综合技术指标、经济指标和环境等多方面因素，决定是否采用加温精选法工艺。

表 4-3 为白钨矿加温浮选工艺主要厂家及生产指标。

表 4-3　白钨矿加温浮选工艺主要厂家及生产指标

厂家	矿石性质	浮选工艺	产品指标
湖南柿竹园 200t/d 多金属选矿厂	粗选精矿性质：WO_3 品位为 4%~6%	精选：粗精矿浓缩到 60%~70% 后，加温至 90℃，添加大量水玻璃(100kg/t)并保温 60min 以上，经稀释脱药 1~2 次再进行常温浮选	WO_3 精选作业品位为 65% 以上，精选作业回收率为 90%~95%
湖南柿竹园 500t/d 多金属选矿厂	原矿属于云英夕卡岩型钨、钼、铋矿床，原矿中 WO_3 含量为 0.23%~0.96%	磨矿后，依次经过等可浮和混浮作业，浮出钼、铋、铁等硫化矿，尾矿经弱磁选选除去磁铁矿，浓缩后用改性水玻璃选择性抑制萤石等脉石矿物，用铅盐活化钨矿物，用新型螯合捕收剂(代号：GY)混合浮选黑钨和白钨矿，产出含钨 9%~30% 的钨粗精矿，然后采用加温浮选进行黑钨和白钨分选，浮选中采用组合药剂(新工艺最佳的药剂条件为水玻璃 40kg/t，A 药 3kg/t，B 药 1.2kg/t，GY 2kg/t)	精矿 WO_3 品位为 68% 以上，回收率为 58%
湖南临武白钨矿	原矿属于夕卡岩型白钨矿床，主要金属矿物有白钨矿、黑钨矿和方铅矿，脉石矿物有萤石、方解石、长石、石英等，原矿 WO_3 品位为 0.6% 左右	粗选：采用一粗两精三扫流程，调整剂碳酸钠 1.2kg/t，捕收剂 ZL580g/t，硅酸钠 5kg/t，精选：采用三精两扫流程，矿浆加热到 90℃，添加大量水玻璃和 YN 调整剂，保温 60min，不经稀释脱药，直接进行浮选	(原矿 WO_3 含量 0.58% 时)WO_3 品位为 66.82%，回收率为 90.98%
河南洛钼集团钨业一公司栾川三道庄矿区	原矿是以钨钼为主的多金属共生矿床，属于夕卡岩钼钨矿床，浮钼尾矿中白钨品位为 0.06% 左右	采用浮选柱，工艺流程为一粗一扫，此过程用碳酸钠(1500g/t)调整 pH，用 FX-6(55kg/t) 作为捕收剂；精选：粗精矿浓缩成 65%，加温至 95℃ 并保温 60min，然后将浓度稀释至 25% 左右，精选工艺流程采用一粗三扫五精，此过程用氢氧化钠调整 pH，用 TY-1 作为抑制剂	精矿白钨品位为 25% 以上，回收率为 62% 左右
河南洛钼集团钨业二公司栾川赤土店镇清河堂村矿区	原矿 WO_3 品位为 0.0598%	作业流程：原矿脱硫浮选，白钨浮选(一粗一扫)，粗精矿加温脱药后精选(一粗五精四扫)得到白钨精矿	白钨精矿品位 21.83%，理论回收率为 73.46%，实际回收率为 60.26%

续表

厂家	矿石性质	浮选工艺	产品指标
湖南瑶岗仙裕新多金属白钨矿	属于夕卡岩型白钨矿床，原矿含 WO_3 0.4%	原矿磨至-0.074 mm 占 84%，先钼铋等可浮，后铋硫混浮，脱硫尾矿作白钨常温粗选，产出白钨粗精矿；白钨粗精矿再作白钨精选，加温搅拌脱药后进入白钨精选作业，产出白钨精矿，钨浮选捕收剂采用改良的 731 氧化石蜡皂	钨精矿含 WO_3 68.72%，WO_3 回收率为 73.49%
甘肃小柳沟白钨矿	原矿属于夕卡岩型白钨矿，原矿含 WO_3 0.6%~0.93%	粗选：采用 GYW 高效选择性捕收剂，用碳酸钠和硅酸钠作为调整剂；精选：采用硅酸钠和 SN 取代单一水玻璃，并在加温搅拌槽里添加 GYW	钨精矿品位达 62%以上，回收率达 65.84%，浮选和重选总回收率（对原矿）达 77.99%
奥地利 Mittersill 钨矿	原矿 WO_3 含量 0.7%，白钨矿呈细脉状、斑状和浸染状，主要与石英致密共生；脉石矿物以石英为主，其次为角闪石、长石、云母	浮选流程为一粗三精，浮选前将矿浆加温到 60℃，随后进入调浆桶，加入浮选药剂，浮选温度为 32℃，矿浆 pH 10.8，浓度为 1320g/L；粗精矿平均 WO_3 品位为 5%，三次精选后得到精矿产品	精矿 WO_3 品位为 25%~30%，回收率为 90%

81　什么是白钨矿常温浮选法？生产厂家及主要技术指标是什么？

实现白钨矿常温浮选，尤其是实现白钨-方解石、萤石（重晶石）型白钨矿的常温浮选是选矿学者和专家孜孜以求的课题。

近年来，选矿工作者对白钨矿常温浮选法不断地进行研究，研发出具有代表性的两种工艺：①碱性介质（氢氧化钠、碳酸钠）进行矿浆调节，金属盐作为活化剂，水玻璃作为抑制剂，用混合捕收剂代替单一捕收剂的浮选工艺；②碱性介质（氢氧化钠、碳酸钠）进行矿浆调节，水玻璃配合以烤胶、单宁等大分子有机抑制剂作为组合抑制剂，以及混合捕收剂的浮选工艺。

两种工艺的关键在于：①利用碱性介质对矿浆进行调节，有利于矿粒在矿浆中分散；②摒弃了传统的单一硅酸钠作为抑制剂，使用组合抑制剂对脉石矿物进行选择性抑制；③采用组合捕收剂相对于单一捕收剂效果更佳。

常温浮选工艺投资少，能耗和生产成本相对较低，操作相对简单，被许多选厂广泛采用。

与浓浆加温法相比，此法更加重视粗选作业，强调碳酸钠与水玻璃的协同效应，并配以选择性较强的 731 氧化石蜡皂作为白钨矿的捕收剂来达到较高的粗选富集比。粗精矿在添加大量水玻璃的条件下，长时间（大于 30min）强烈搅拌后稀释精选。该法选矿成本较低，但对矿石的适应性不及浓浆加温法。731 常温法在以石英为主的夕卡岩型白钨矿山中得到广泛应用。

表 4-4 为白钨矿常温浮选工艺主要厂家及生产指标。

82　"石灰法"浮选白钨矿的工艺与原理是什么？

石灰浮选法的实质就是，加适量的石灰搅拌矿浆，用碳酸钠和水玻璃作为调整剂，然后用油酸及氧化石蜡皂作为捕收剂浮白钨矿。通常的理论认为，钙在脂肪酸浮选中起有害作用，与其相反，此法添加石灰提高了白钨矿浮选的选择性。其原因是石灰的钙离子吸附于石英、方解石、萤石等矿物表面，随之引起电荷变化由负到正，而白钨矿仍保持负电荷。随后添加碳酸钠与矿浆搅拌时，在石英、萤石和方解石的表面产生碳酸钙沉淀，形成微粒覆盖层，使之受到抑制，而白钨矿则相反，它的表面一直荷负电，没有任何沉淀发生并保持良好的可浮性，加入水玻璃后，增强了石英、萤石和方解石的抑制，从而改善了白钨矿同石英、萤石及方解石浮选的选择性。但是，石灰的用量要适当，若过量则白钨矿的表面也可能产生沉淀。

石灰浮选法浮选白钨矿的优点归纳如下。

（1）无需加温和长时间搅拌，可在常温和常速下进行浮选，操作方便。

（2）不需要大量使用水玻璃。

（3）选择性好，即使成分比较复杂的矿石，如含萤石和方解石较高时，也可获得良好的指标。除此之外，石灰对硫、砷化物也有抑制作用，在某些情况下，不需要脱硫也能得到合格的精矿。

表 4-4 白钨矿常温浮选工艺主要厂家及生产指标

厂家	矿石性质	浮选工艺	产品指标
江西荡坪钨矿宝山选厂	原矿属于夕卡岩型白钨，铅锌硫化物，白钨矿为细粒嵌布，与硫化物紧密结合；原矿中白钨矿0.353%，钨华0.029%，黑钨矿0.026%	粗选：pH为9.5~10.5，调整剂为碳酸钠和水玻璃，731氧化石蜡皂为捕收剂，采用一扫二扫一精浮选流程，得到白钨粗精矿；精选：在高浓度下加水玻璃长时间搅拌（约40min），经6次精选得到白钨精矿	白钨品位为70.63%，回收率为79.30%
江西香炉山钨矿	原矿属于夕卡岩型白钨多金属矿床，WO_3品位为0.56%~0.75%	粗选：脱硫后的尾矿进行白钨浮选作业，经过一粗二精二扫作业得到白钨粗精矿，粗精矿WO_3品位为5%~10%；粗精矿添加大量水玻璃（7500g/t）长时间（30min以上）搅拌后，稀释，经粗三扫五精作业得到白钨精矿	WO_3品位65%，回收率为74%~79%
湖南湘西金矿	原矿为石英脉型金、锑、钨复杂多金属共生矿床，属低品位粗矿不均匀嵌布，含钨一般在0.2%左右，脉石主要有石英、方解石、磷灰石、绿泥石、绢云母等；粗精矿含WO_3 5.56%，S 1.8%，SiO_2 20.17%，CaO 35.26%，主要物相对含量：白钨6.5%，石英12%，方解石18%，方解石25%	精选：Y88高效组合抑制剂，将一次扫选尾矿和一次扫选精矿集中再选后，泡沫返回粗选	精选精矿WO_3品位为72.8%，精选回收率为98.6%
湖南新田岭白钨矿	原矿为夕卡岩型白钨矿，WO_3品位为0.38%	精选：731氧化石蜡皂为捕收剂，水玻璃（127~132kg/t）作抑制剂	WO_3品位为75%，回收率为87%
福建行洛坑钨矿	原矿中金属矿物主要为黑钨矿和白钨矿，脉石矿物主要为石英、长石、白云母，含WO_3品位1.2%	工艺流程为一段磨矿，粗磨，细粒浮选，粗精选脱硫，重选精选；浮选采用常温法浮选，捕收剂采用高效新型螯合捕收剂GYB与辅助捕收剂FW组合	白钨精矿品位为53.55%，实际回收率为68.96%
黑龙江双鸭山建龙白钨矿	原矿主要含金属矿物为白钨矿、磁黄铁矿、黄铁矿、黄铜矿、铁闪锌矿等；脉石矿物有萤石、石英、方解石、磷灰石、绿泥石、绿帘石、透辉石、云母等，钨主要以白钨矿形式存在，品位为0.43%	粗选：采用常温浮选，碳酸钠、改性硅酸钠和$Na_3(PO_4)_6$为调整剂，硝酸铅为活化剂，同时采用捕收性能良好的螯合捕收剂CF_2和OS-2改性脂肪酸；精选采用加温法	白钨精矿品位66.94%，回收率83.11%

厂家	矿石性质	浮选工艺	产品指标
美国 Tempiut 钨矿	原矿含主要矿物有白钨矿、磁黄铁矿、黄铁矿、闪锌矿、石榴子石、方解石、萤石等，WO_3 品位为 $0.4\%\sim0.5\%$	工艺流程：白钨浮选前矿浆进行磁絮凝，先用磁选将大量磁铁矿和磁黄铁矿排除，然后白钨矿采用石灰法浮选，得到低品位精矿再送化学选矿处理，以保证获得高的回收率	精矿中 WO_3 品位>15%，回收率为 85%
瑞典 Yxsjoberg 白钨矿	原矿 WO_3 品位为 0.4%	剪切絮凝-浮选工艺：在白钨矿浮选前的搅拌桶中加入适量的浮选药剂，控制好矿浆的 pH 和浓度，在强烈搅拌下，疏水性的矿粒互相碰撞减薄水膜，形成含有数百颗粒的白钨矿絮团，增大了细粒的有效尺寸，更易黏附气泡迅速上浮	精矿品位为 69%，回收率为 79.8%
澳大利亚 King Island 白钨矿	原矿含 1.5%的白钨矿 和 8.3%的方解石	剪切絮凝-浮选工艺：对原矿添加碳酸钠 1kg/t，硅酸钠 4kg/t，油酸钠 2kg/t 和起泡剂 0.2kg/t，进行剪切絮凝-浮选	粗精矿 WO_3 品位为 8%，回收率为 83%

采用石灰浮选法浮选白钨矿，可在常温和正常浮选速度下实现白钨矿与锡石、硫化物和脉石矿物的有效分离，不需要加热矿浆或长时间搅拌，操作方便。

83　白钨矿的细粒选矿技术是什么？

细粒技术是浮选技术的一个重要分支，钨矿性脆，易过粉碎，因此细粒技术对于白钨矿选矿来说更具有非同一般的意义。细粒技术主要包括疏水聚团分选和高分子絮凝，其中后者在钨选矿中还不成熟，前者介绍较多。

疏水聚团分选是指先用调浆剂调浆，使微细粒目的矿物和脉石矿物处于完全分散状态，再用有选择性的表面活性剂（如捕收剂）使目的矿物表面疏水，进而添加非极性油作为桥联介质，在剪切力场的作用下使表面疏水的目的矿物聚集成团，随后采用常规浮选方法使疏水聚团与仍处于分散状态的脉石矿物分离。根据非极性油的用量差异，疏水聚团分选形成了三个分支：载体浮选、剪切絮凝-浮选、油团聚浮选。

84　白钨矿浮选常用的捕收剂有哪些？

不论是基于浓浆加温法还是基于常温浮选法，白钨矿浮选药剂的研究都主要是为了提高捕收剂和抑制剂的选择性及高效性。

到目前为止，白钨矿浮选的捕收剂主要有阴离子捕收剂、阳离子捕收剂、两性捕收剂及螯合类捕收剂和非极性捕收剂。其中非极性捕收剂主要是用来配合其他捕收剂而辅助使用的，它的主要作用是调整泡沫结构，强化疏水作用，促进疏水团聚，进而提高回收率和品位。

脂肪酸及其皂类可用作白钨矿的捕收剂，最常用的是油酸和油酸钠，使用时可磺化或与煤油使用以减少油酸的用量，也可采用油酸的替代品，如塔尔油、塔尔油皂、环烷酸、环烷酸皂、棉子油皂、氧化石蜡皂及癸脂等。

白钨矿也可以用阳离子捕收剂（如十二烷胺）浮选，这时钙、镁和钠盐实际上对白钨矿浮选没有影响。

除了脂肪酸及其皂类可用作白钨矿的捕收剂，两性捕收剂也是白钨矿的有效捕收剂。如 RO-12（N-十四酰基氨基乙酸）、RO-14（N-十六酰基氨基乙酸）、4RO-12（N-十四酰基氨基丁酸）和 4RO-14（N-十六酰基氨基丁酸）都对白钨矿有较好的捕收能力。研究白钨矿与 RO-12 作用的红外光谱，RO-12 羧基与白钨矿表面的钙离子形成盐，形成化学键的结构形式，从而起到捕收的效果。4RO-12 捕收能力比 4RO-14 强，4RO-12 不仅羧基与矿物表面反应成盐，仲氨基氮原子的孤电子对也与钙离子成键。

由于这些捕收剂具有起泡性，浮选时一般不需要另加起泡剂。

85　白钨矿浮选常用的调整剂有哪些？

白钨矿浮选常用的调整剂有 pH 调整剂、抑制剂等。目前国内对单一白钨矿石在粗选段多采用在弱碱性介质（pH 为 8.5～10.0）中调浆，通常需要碳酸钠、氢氧化钠来调整矿浆 pH。

白钨矿浮选脉石的抑制剂常用水玻璃、糊精、淀粉、羧甲基纤维素等。水玻璃的用量和 pH 是获得高质量白钨矿的重要因素，水玻璃用量增加，精矿中的 WO_3 含量增高。水玻璃模数也有很重要的作用，最佳模数为 2.4～2.5。水玻璃对非硫化矿物抑制强弱顺序为：石英＞硅酸盐＞方解石＞磷灰石＞钼酸钙＞重晶石＞萤石＞白钨矿。这与矿物表面中的阳离子的形式和捕收剂的作用形式有关。有时，重金属盐（$FeSO_4$、$CuSO_4$ 等）比水玻璃早加入几秒钟，或在稀溶液中同时加入，则加强水玻璃的抑制作用，水玻璃和金属盐配合使用，在不降低抑制作用的情况下，水玻璃的用量可以降低。水玻璃温度升高到 70～80℃时，水玻璃的抑制作用加强。这时，在加入捕收剂前，矿浆与水玻璃的搅拌时间具有很大意义，若水玻璃比捕收剂早加入，则抑制作用较强。为了提高水玻璃作用的选择性，加入捕收剂以后，进行快速浮选也是很重要的，以便利用捕收剂和水玻璃不同的吸附速度提高分离效果。例如，白钨矿与方解石、萤石的分离，将含有方解石和萤石的白钨粗精矿浓缩，加入大量的水玻璃，在室温长时间搅拌，矿浆稀释后，进行白钨矿浮选，槽中产物为方解石和萤石。但需要长时间搅拌，一般少用。

86　白钨矿浮选设备有何新进展？

细颗粒矿物质量小、比表面积大、表面能高，疏水性矿粒与气泡碰撞概率小，而且只黏附于气泡表面。细粒脉石易随水流上升进入泡沫层形成夹杂，容易形成脉石矿物与有用矿物间的非选择性团聚。矿粒在水介质中溶解度和黏度增大，矿浆中离子增多，不利于浮选。为解决细颗粒质量效应和表面效应所造成的难浮难题，人们将离心力场引入浮选，创造综合浮选力场，形成利于细粒矿物分选的流体力学状态以强化浮选过程，并研制了一批新型细颗粒浮选设备，如离心力场浮选机、微泡析出式浮选机、浮选柱等。

离心力场可以提高细粒矿物的动量，高速旋转的矿粒在内壁附近与气泡正交碰撞，提高其碰撞机会和黏附效率；矿浆高速旋转，层与层间产生较强的剪切运动，同时矿浆流与气泡发生碰撞运动，有利于克服细矿粒的非选择性团聚及脉石颗粒在气泡中夹杂，而提高有用矿物的品位及回收率。美国犹他大学研制的喷气水力旋流浮选机借助离心力场作用快速浮选−38μm 粒级白钨矿，处理能力是常规浮选机的 50 倍。

从矿浆中析出的气泡有选择性地先在疏水性矿物表面析出，是一种活性微泡，具有直径小、分散度高、单位体积矿浆内有很大的气泡表面积的特性。从矿浆表面抽气产生负压微泡析出的为空气浮选机；将加压矿浆喷入浮选槽，使矿浆突然降压的微泡析出的为喷射旋流式浮选机；用水电解产生大量微泡的为电微泡析出浮选机。北京矿冶研究总院研制的 XPM 型喷射旋流式浮选机，带有拱形摆线型导气叶片喷嘴，矿浆呈螺旋状喷出，增加了矿浆与空气的接触面积和夹带空气的能力，充气量大。被高速喷射出的矿浆处于混合室负压区，呈过饱和状态溶解于矿浆中，空气以微泡形式有选择性地在疏水矿物表面析出，强化气泡矿物和捕集细粒矿物的能力，在白钨矿浮选工艺中具有重要应用。

87 浮选白钨矿适宜的 pH 是多少？

pH 大小与白钨矿、方解石、萤石回收率的关系紧密。图 4-22 是矿浆 pH 对白钨矿等矿物回收率的影响。由图可见，白钨矿在酸性区可浮性不好，在碱性区可浮性较好。萤石同白钨矿，随着 pH 减小其回收率呈下降趋势，但下降趋势缓于白钨矿。方解石在 pH 等于 4～12 时，回收率均在 95% 以上。对于白钨矿而言，浮选 pH 选定在 10～12 的碱性为宜。

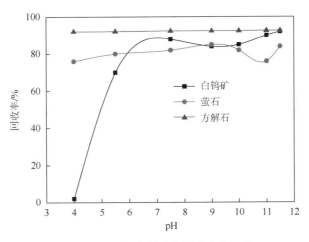

图 4-22 pH 与各单矿物回收率的关系

88 Na₂CO₃ 和 NaOH 调整 pH 何者更优？其原因是什么？

要将矿浆调制 pH 为 10～12 的碱性环境，可使用 Na₂CO₃ 或 NaOH 来调节。

图 4-23 是 Na₂CO₃、NaOH 分别调 pH 时，白钨矿、方解石、萤石回收率与水玻璃浓度的关系。

从图中可以看出，Na₂CO₃ 调 pH 较 NaOH 调 pH 更优。

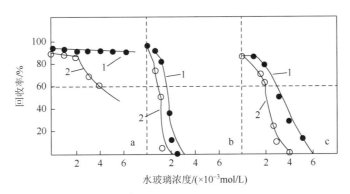

图 4-23 回收率与水玻璃浓度的关系

1-Na₂CO₃ 调节 pH；2-NaOH 调节 pH；a-白钨矿；b-方解石；c-萤石

图 4-24 则是 Na_2CO_3、NaOH 分别调 pH 分离白钨矿-方解石-萤石人工混合样品的实验结果。由图 4-24 可知，用 Na_2CO_3 调 pH 能获得满意结果，但用 NaOH 调 pH 分离效果极差。

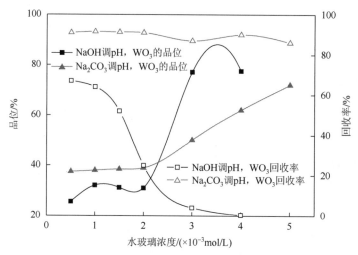

图 4-24　品位及回收率与水玻璃浓度的关系

以下分析 Na_2CO_3、NaOH 分别调 pH 吸附油酸根离子强度产生差异的原因。矿物是典型的配位化合物，药剂在矿物表面化学吸附生成矿物-药剂化合物。用数学模型可表示为(L)n_1—(M)n_2—(N)n_3。式中，L——矿物配位基，M——矿物中的金属离子，N——药剂，n_1、n_2、n_3 为正整数。该配合物越稳定，药剂在矿物表面的固着就越强。L—M 键与 M—N 键的键性越相似，(L)n_1—(M)n_3—(N)n_3 就越稳定。L—M、M—N 的键性与 L、M、N 的电负性有关。

下面通过计算 L、N 的电负性来比较各矿物吸附油酸根离子的固着强度以及 CO_3^{2-} 对吸附强度的影响。

基团电负性计算如下：

$$X_g = 0.31\frac{n^*+1}{\gamma} + 0.5$$

$$n^* = (N-P) + 2m\frac{X_B}{X_A+X_B} - S\frac{X_A}{X_A+X_B}$$

式中，X_g 为基团电负性；n^* 为中心原子（基原子）价电子数；γ 为中心原子共价半径；N 为自由原子 A 的价电子数；P 为形成 AB 键的自由原子 B 中的价电子数；m 为 A 和 B 之间的成键数；S 为 $^-AB^+$ 类型及 A 和 B 原子的电负性 X_A 和 X_B 的共振贡献数。

（1）钨酸根离子 $\overset{\displaystyle O}{\underset{\displaystyle O}{O=W=O}}$ 的电负性为 5.2；

（2）碳酸根离子 $\overset{\displaystyle O}{\underset{\displaystyle O-C-O}{\parallel}}$ 的电负性为 4.14；

（3）油酸根离子 R—C 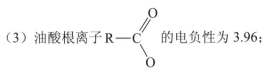 的电负性为 3.96；

（4）F⁻的电负性为 4；

（5）Ca^{2+}的电负性为 1。

比较白钨矿、方解石、萤石表面晶格的配体与 Ca^{2+} 成键及油酸根离子与 Ca^{2+} 成键的键性相似程度，发现键的相似性按萤石＞方解石＞白钨矿递减顺序，故三者吸附油酸根离子的强度按萤石＞方解石＞白钨矿顺序减弱。当用 Na_2CO_3 调 pH 时，由于 CO_3^{2-} 吸附在矿物表面而使 L—M 键的键性发生变化。对白钨矿而言，WO_4—Ca 键离子键成分较多，而 OL—Ca 键共价键成分较多，故两者的键性差异较大，吸附油酸根离子的强度弱。但 CO_3^{2-} 吸附在白钨矿表面，减少了 L—M 键的离子键成分，使得 L—M、M—N 键的相似性增加，因而增强了白钨矿固着油酸根离子的强度。同理，CO_3^{2-} 减弱了萤石固着油酸根离子的强度，其结果是扩大了白钨矿与方解石和萤石的可浮性差异。

总之，用 Na_2CO_3 调 pH 时，能扩大白钨矿与方解石、萤石在水玻璃作抑制剂时的可浮性差异，但水玻璃用量将增大约一倍。分离白钨矿与方解石、萤石混合样品，用 Na_2CO_3 调 pH 为宜。

用 Na_2CO_3 调 pH 时，油酸根离子在白钨矿表面的固着强度增强，在萤石表面的固着强度减弱，而在方解石表面的固着强度几乎没有变化。

用 Na_2CO_3 调 pH 效果为优的主要原因是用 Na_2CO_3 调 pH 能进一步扩大白钨矿与方解石和萤石的可浮性差异。

89 pH 对白钨矿及两种含钙矿物可浮性的影响如何？

图 4-25 考查了不同 pH 环境下，三种含钙矿物在溶液中的浮选行为，在不加入抑制剂、捕收剂 733 浓度为 100mg/L、改变溶液 pH 的条件下，对三种含钙矿物的可浮性进行了研究，结果见图 4-25。

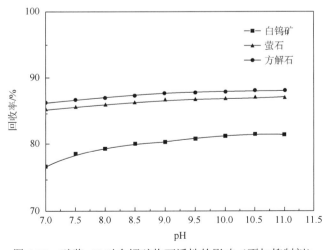

图 4-25　矿浆 pH 对含钙矿物可浮性的影响（不加抑制剂）

从图 4-25 中可以看出，在不加抑制剂的条件下，733 对白钨矿、方解石、萤石的捕收能力均较好。当矿浆 pH 在 7.0～11.0 时，白钨矿的回收率在 80% 左右，方解石和萤石的回收率在 85% 左右，说明在不加抑制剂的条件下，733 对方解石和萤石的捕收能力都强。因此，若想得到高品位的钨精矿，合理的抑制剂显得尤为重要。

90　硅酸钠对白钨矿及两种含钙矿物可浮性的影响如何？

研究发现，不同 pH 条件下，硅酸钠的水解产物不同，会导致硅酸钠水解产生的各种离子在矿物表面的吸附状态发生变化，进而影响矿物在矿浆中的浮选行为。为研究这一问题，考查不同 pH 条件下，硅酸钠对白钨矿、方解石、萤石三种含钙矿物可浮性的影响。抑制剂硅酸钠用量为 0.5g/L，捕收剂 733 用量为 100mg/L，试验结果见图 4-26。

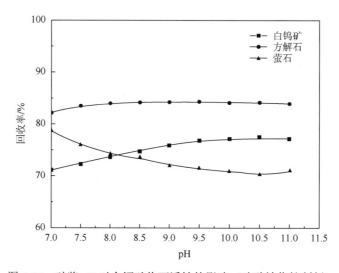

图 4-26　矿浆 pH 对含钙矿物可浮性的影响（硅酸钠作抑制剂）

从图 4-26 中可以看出，与不加抑制剂相比，当硅酸钠用量为 0.5g/L 时，对萤石的抑制效果比较明显。当 pH 从 7.0 增加到 10.5 时，萤石的回收率从 78.8% 下降到 70.2%，说明在溶液 pH=10.5 左右时，硅酸钠的抑制效果最好，这也与前面的可选性试验相对应。与图 4-25 相比，加入硅酸钠以后，对白钨矿、方解石也有一定的抑制效果，随着 pH 的上升，方解石的回收率变化不大，白钨矿的回收率从 71.2% 上升到 77.5%。

研究发现，在较高 pH 下，硅酸钠水解产物在萤石表面选择性吸附更明显，可以有效降低萤石的可浮性；硅酸钠作为抑制剂，矿浆 pH 的变化对方解石可浮性的影响不大；硅酸钠对白钨矿的抑制作用变弱。

91　硅酸钠浓度变化对白钨矿及两种含钙矿物可浮性的影响如何？

在矿浆 pH=10.5、捕收剂 733 用量为 100mg/L 时，考查硅酸钠浓度对含钙矿物浮选行为的影响，试验结果见图 4-27。

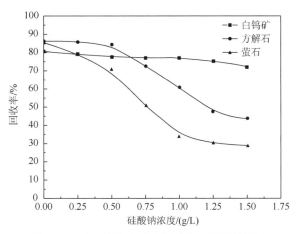

图 4-27　硅酸钠浓度对含钙矿物可浮性的影响

从图 4-27 中可以看出，硅酸钠浓度变化对白钨矿回收率影响较小，但对方解石和萤石回收率影响很大。硅酸钠浓度从 0.25g/L 上升到 1.5g/L，白钨矿回收率从 78.8%下降到 72%，萤石回收率从 78.8%下降到 28.6%，方解石回收率也从 85.5%下降到 43.5%。

研究发现，当矿浆 pH=10.5、捕收剂 733 用量为 100mg/L 时，随着抑制剂浓度的上升，硅酸钠水解产生的离子对方解石、萤石抑制效果要优于白钨矿，说明在较佳的硅酸钠用量下，可以实现白钨矿与部分方解石、萤石的分离。但同时也可以看出，即使硅酸钠用量达到 1.5g/L，方解石和萤石的回收率仍然分别达到 43.5%和 28.6%，这样的指标在生产实践中势必会严重影响白钨矿精矿的品位。

92　金属离子对硅酸钠抑制效果的影响如何？

金属离子与硅酸钠配合使用可以强化对含钙矿石的抑制效果，从而减少精选次数并提高白钨矿精矿品位。在硅酸钠用量为 0.5g/L、733 用量为 100mg/L 的条件下，考查不同 pH 条件下，Al^{3+}、Fe^{2+}、Pb^{2+} 三种金属离子对含钙矿物可浮性的影响，金属离子浓度均为 $1×10^{-4}$mol/L。试验结果见图 4-28～图 4-30。

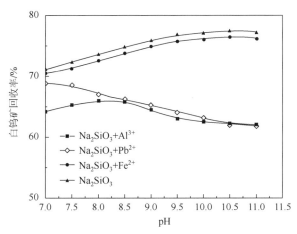

图 4-28　金属离子对白钨矿浮选行为的影响

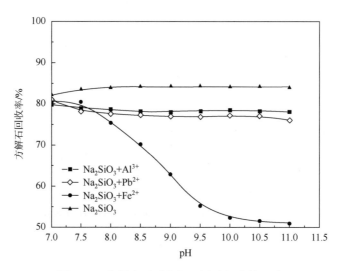

图 4-29　金属离子对方解石浮选行为的影响

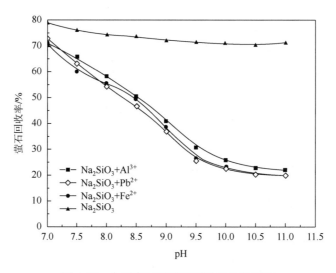

图 4-30　金属离子对萤石浮选行为的影响

从图 4-28～图 4-30 中可以看出，Al^{3+}、Fe^{2+}、Pb^{2+} 三种金属离子与硅酸钠共同使用会对白钨矿、萤石、方解石单矿物浮选行为产生一定的影响。对比图中数据后发现，Al^{3+}、Pb^{2+} 在强化硅酸钠抑制效果的同时，对白钨矿回收率也产生了较大的影响，说明无论采用 Al^{3+}+硅酸钠的组合还是 Pb^{2+}+硅酸钠的组合，抑制剂的选择性都变差，这势必将在生产实践中降低白钨矿精矿的回收率。而 Fe^{2+} 与硅酸钠配合使用取得了较好的试验结果，尤其是在白钨矿回收率影响不大的情况下，解决了单独使用硅酸钠对方解石抑制效果不好的难题，说明 Fe^{2+} 不但可以强化硅酸钠对萤石、方解石的抑制作用，与其他两种金属离子相比，还使硅酸钠选择性增强。采用 Fe^{2+} 与硅酸钠的组合，有效降低了萤石，尤其是方解石的可浮性，这将提高生产实践中白钨矿的精矿品位，减少精选次数。

93　氟硅酸钠及磷酸盐对白钨矿及两种含钙矿物可浮性的影响如何？

氟硅酸钠是一种目前使用较广泛的无机抑制剂，常用于抑制石英、蛇纹石、电气石长石及其他硅酸钠矿物。在硫化矿浮选中，氟硅酸钠可以活化被石灰抑制的黄铁矿。当用脂肪酸作为捕收剂浮选矿物时，氟硅酸钠的有效作用在于优先从脉石矿物（主要是石英、长石、萤石）的表面解析脂肪酸，因此可实现捕收剂的选择性浮选。氟硅酸钠对脉石矿物的抑制作用可解释为 Na_2SiF_6 在水中先电解生成 SiF_6^{2-} 后继续水解生成 SiO_2 胶体，吸附在脉石矿物表面引起矿物亲水，受到抑制。

磷酸盐及其缩合物是一类重要的无机抑制剂，还可作为分散剂、活化剂等。常用的偏磷酸钠是六偏磷酸钠，它是方解石、石灰石的有效抑制剂，也可以抑制石英和硅酸盐。

为考查上述两种常见的抑制剂对白钨矿、方解石、萤石浮选行为的影响，在两种抑制剂用量均为 1.0g/L、捕收剂 733 用量为 100mg/L 的条件下，进行了单矿物浮选试验，试验结果见图 4-31～图 4-33。

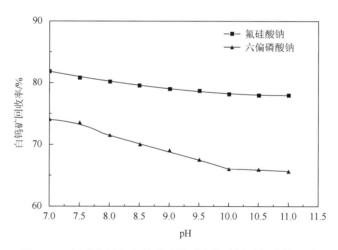

图 4-31　氟硅酸钠与六偏磷酸钠对白钨矿浮选行为的影响

通过两种常见的无机抑制剂氟硅酸钠和六偏磷酸钠对白钨矿、萤石、方解石三种单矿物浮选行为的研究表明，氟硅酸钠对萤石的抑制效果较佳，而对方解石的抑制效果较差；六偏磷酸钠可以取得与氟硅酸钠相似的试验指标，但是，它对白钨矿同样有着明显的抑制效果。因此若想得到较佳的白钨矿精矿指标，氟硅酸钠仍然是首选的含钙脉石矿物无机抑制剂。

94　乙二酸对白钨矿及两种含钙矿物浮选行为的影响如何？

在抑制剂乙二酸用量均为 120mg/L、捕收剂 733 用量为 100mg/L 的条件下，进行了溶液 pH 对含钙矿物浮选行为影响试验，试验结果见图 4-34。

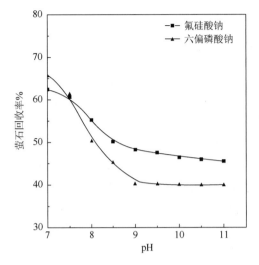 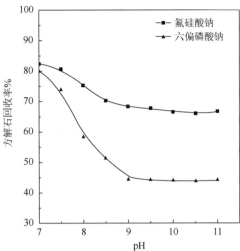

图 4-32　氟硅酸钠与六偏磷酸钠对萤石浮选　　图 4-33　氟硅酸钠与六偏磷酸钠对方解石浮选
行为的影响　　　　　　　　　　　　行为的影响

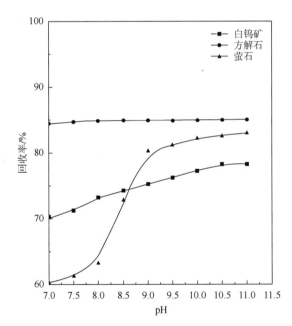

图 4-34　乙二酸作为抑制剂时矿浆 pH 对含钙矿物可浮性的影响

　　从图 4-34 中可以看出，当抑制剂采用草酸时，在试验 pH 范围内，方解石回收率基本不变；白钨矿的回收率随着 pH 的增加而增大；当 pH 在 7～8 时，萤石回收率变化不大，当 pH>8 时，萤石的回收率急剧上升。

　　从试验结果来看，采用 733 作为捕收剂、矿浆 pH 在 7～11 时，乙二酸对三种含钙矿物的抑制顺序为萤石>白钨矿>方解石。由于白钨矿回收率随着溶液 pH 增大而增加，所以选择 pH=8.0 作为乙二酸浓度试验的 pH。

　　乙二酸浓度对三种含钙矿物可浮性的影响见图 4-35。

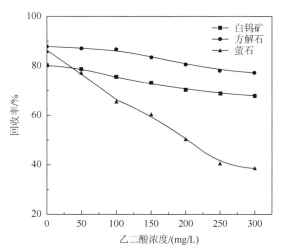

图 4-35 乙二酸浓度对含钙矿物可浮性的影响

随着乙二酸浓度的增加，白钨矿、方解石、萤石的回收率不同程度下降，从图 4-35 中可以看出，若采用乙二酸作为抑制剂，其对三种含钙矿物抑制作用顺序为萤石＞白钨矿＞方解石。因此，无论抑制剂乙二酸用量如何，均很难实现三种含钙矿物的分离，尤其是白钨矿与方解石的分离。

95 单宁对白钨矿及两种含钙矿物浮选行为的影响如何？

单宁是一种常见的大分子有机抑制剂，相对分子质量在 2000 以上，分子中通常具有数个苯环，是多元酚的衍生物，为无定形物质。它们的分子中常包含有儿茶酚、焦性没食子酸、间苯三酚，不少单宁分子中还含有原儿茶酸。单宁易溶于水，因此在浮选流程中，单宁是一种常用的脉石矿物抑制剂。

关于单宁对脉石矿物的抑制机理，有人认为单宁的水解产物单宁酸通过羧基吸附在脉石表面，使脉石的亲水性增强，特别是在加热的情况下，单宁酸的抑制效果比常温更明显。这是因为常温时，单宁酸的羧基在脉石表面形成的是物理吸附，故容易脱落，抑制效果较差，加热以后转化为化学吸附，吸附比较牢固。有研究表明，用单宁抑制白钨矿中的方解石，方解石表面生成了单宁酸钙络合物，因此单宁在白钨矿加温浮选中常用来抑制含钙脉石。

为考查单宁作为抑制剂时对三种含钙单矿物可浮性的影响，在单宁用量为 50mg/L、捕收剂 733 用量为 100mg/L 的条件下，进行了溶液 pH 对含钙矿物浮选行为影响试验，试验结果见图 4-36。

从图 4-36 中可以看出，pH 在 7～11 时，单宁对三种含钙矿物可浮性均产生较大的影响。当 pH 在 7～8 时，白钨矿与方解石回收率变化较小，当 pH＞8 时，白钨矿与方解石可浮性明显下降。另外，随着 pH 的增加，萤石的回收率也逐渐降低。

为考查单宁浓度对白钨矿、方解石、萤石浮选行为的影响，选择 pH=8 作为矿浆 pH，捕收剂 733 用量仍为 100mg/L，试验结果见图 4-37。

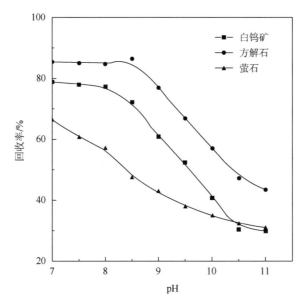

图 4-36　单宁作为抑制剂时矿浆 pH 对含钙矿物可浮性的影响

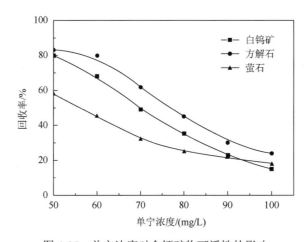

图 4-37　单宁浓度对含钙矿物可浮性的影响

从图 4-37 中可以看出，白钨矿、方解石、萤石的回收率随着单宁浓度的增加而下降。若以 733 作为捕收剂，单宁对三种含钙矿物的抑制顺序为：萤石＞白钨矿＞方解石，因此，单宁在作抑制剂的过程中选择性较差，很难实现白钨矿与含钙脉石矿物的有效分离。

96　羧甲基纤维素对白钨矿及两种含钙矿物浮选行为的影响如何？

羧甲基纤维素（CMC）是一种应用较广的水溶性纤维素。纤维素分子中每个葡萄糖有三个羟基，其中以第六碳原子上的伯羟基最活泼。有研究表明，纤维素醚化的程度越高，则水溶性越好，抑制效果越明显。在浮选中，当采用脂肪酸类捕收剂时，羧甲基纤维素常作为脉石矿物的抑制剂。

　　图 4-38 是羧甲基纤维素作为抑制剂时对三种含钙单矿物可浮性的影响，在其用量为 50mg/L、捕收剂 733 用量为 100mg/L 的条件下，进行了溶液 pH 对含钙矿物浮选行为影响试验。

　　从图 4-38 中可以看出，在试验 pH 范围内，羧甲基纤维素对三种含钙矿物均产生了较明显的抑制作用，当 pH 在 7～8 时，白钨矿回收率变化不大，当 pH>8 时，白钨矿的回收率大幅下降。为进一步考查 CMC 浓度对白钨矿、方解石、萤石可浮性的影响，选取 pH=8 作为 CMC 浓度试验的 pH，试验结果见图 4-39。

　　从图 4-39 中可以看出，随着羧甲基纤维素浓度的增加，三种含钙矿物的回收率均有不同程度的下降。若采用 733 作为捕收剂，CMC 对三种含钙矿物抑制顺序依次为：萤石>方解石>白钨矿。因此，在较佳的药剂条件下，羧甲基纤维素作为抑制剂可以实现白钨矿与含钙脉石矿物的分离。但与使用硅酸钠相比，随着 CMC 浓度的增加，其选择性开始变差，导致白钨矿回收率明显下降。

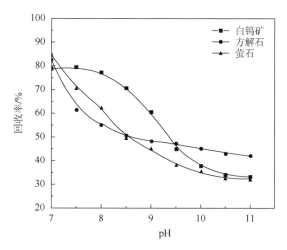

图 4-38　羧甲基纤维素作为抑制剂时矿浆 pH 对含钙矿物可浮性的影响

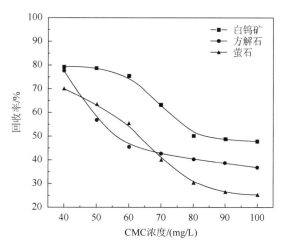

图 4-39　CMC 浓度对含钙矿物可浮性的影响

97 白钨矿的溶解组分是什么？

表 4-5 为白钨矿在水溶液中的溶解反应及平衡常数。

表 4-5 白钨矿在水溶液中的溶解反应及平衡常数（25℃）

反应式	lg$K$
$CaWO_4(s) \rightleftharpoons Ca^{2+} + WO_4^{2-}$	−9.3
$Ca^{2+} + OH^- \rightleftharpoons Ca(OH)^+$	1.4
$Ca^{2+} + 2OH^- \rightleftharpoons Ca(OH)_2(aq)$	2.77
$Ca(OH)_2(aq) \rightleftharpoons Ca^{2+} + 2OH^-$	−5.22
$H^+ + WO_4^{2-} \rightleftharpoons HWO_4^-$	8.5
$H^+ + HWO_4^- \rightleftharpoons H_2WO_4(aq)$	4.6
$WO_3(s) + H_2O \rightleftharpoons 2H^+ + WO_4^{2-}$	−14.05
$CaWO_4(s) + 2OH^- \rightleftharpoons Ca(OH)_2(s) + WO_4^{2-}$	−4.08

根据表 4-5 可以得到公式（4-23）～公式（4-37）。

（1）当有氢氧化钙沉淀时：

此时 pH＞13.71，

$$lg[Ca^{2+}]=22.78-2pH \tag{4-23}$$

$$lg[WO_4^{2-}]=-32.08+pH \tag{4-24}$$

$$lg[Ca(OH)^+]=10.18-pH \tag{4-25}$$

$$lg[Ca(OH)_2(aq)]=-7.99 \tag{4-26}$$

$$lg[HWO_4^-]=-23.58+pH \tag{4-27}$$

（2）当有钨酸沉淀时：

此时 pH＜4.7，

$$lg[WO_4^{2-}]=-14.05+2pH \tag{4-28}$$

$$lg[HWO_4^-]=-10.55+pH \tag{4-29}$$

$$lg[H_2WO_4]=-5.95 \tag{4-30}$$

$$lg[Ca^{2+}]=4.75-2pH \tag{4-31}$$

$$lg[Ca(OH)^+]=-7.86-pH \tag{4-32}$$

（3）当无以上两种沉淀时：

$$lg[Ca^{2+}]=\frac{1}{2}[lg K_{sp} + lg\alpha_{WO_4^{2-}} - lg\alpha_{Ca^{2+}}] \tag{4-33}$$

$$lg[WO_4^{2-}]=\frac{1}{2}[lg K_{sp} + lg\alpha_{Ca^{2+}} - lg\alpha_{WO_4^{2-}}] \tag{4-34}$$

$$lg[Ca(OH)^+]=-12.6+pH+lg[Ca^{2+}] \tag{4-35}$$

$$\lg[\text{HWO}_4^-]=3.5-\text{pH}+\lg[\text{WO}_4^{2-}] \tag{4-36}$$

$$\lg[\text{H}_2\text{WO}_4]=8.1-2\text{pH}+\lg[\text{WO}_4^{2-}] \tag{4-37}$$

从式（4-23）～式（4-37）中不难看出，白钨矿进入水溶液中后，Ca^{2+}比WO_4^{2-}优先发生解离，使得白钨矿表面WO_4^{2-}过剩，Ca^{2+}的缺失使得白钨矿表面电荷为负。当pH<4.7时，白钨矿的饱和水溶液中会存在钨酸（H_2WO_4）沉淀；当4.7<pH<13.7时，白钨矿饱和溶液中存在的离子为Ca^{2+}、WO_4^{2-}、HWO_4^-和Ca(OH)^+，此时，溶液中并没有钨酸沉淀生成；当pH>13.7时，白钨矿饱和溶液中过量的OH^-会与优先解离的Ca^{2+}结合生产氢氧化钙沉淀。

从白钨矿饱和水溶液各离子平衡关系表（表4-5）可以看出，在一定pH条件下，白钨矿饱和溶液中会产生钨酸和氢氧化钙沉淀，计算可以得到在白钨矿饱和溶液中，溶液各组分浓度与pH的关系图，见图4-40。

从图4-40中可以看出，在4.7<pH<13.7时，白钨矿的定位离子为Ca^{2+}和WO_4^{2-}，此时，白钨矿在水溶液中的动电位基本保持不变。

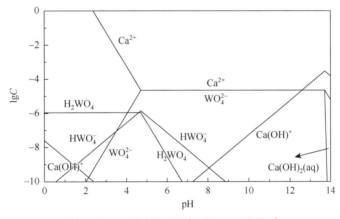

图 4-40　白钨矿的溶液组分与 pH 的关系

98　铁离子加入硅酸钠对矿物抑制作用的 XPS 能谱分析如何？

在 FeSO_4+硅酸钠组合使用和单独使用硅酸钠两种情况下，对方解石、萤石、白钨矿三种纯矿物表面离子吸附情况进行 X 射线光电子能谱分析（XPS），见表4-6。

表 4-6　Fe^{2+}作用前后矿物表面元素含量及结合能变化情况

矿物种类		作用前		作用后	
		摩尔分数/%	结合能/eV	摩尔分数/%	结合能/eV
方解石	C1s	18.82	284.85	16.81	284.81
	O1s	57.71	531.26	57.17	532.40
	Si2p	5.05	102.22	6.27	102.13
	Ca2p	19.02	347.89	16.71	347.59
	Fe2p	—	—	3.04	710.85

矿物种类		作用前		作用后	
		摩尔分数/%	结合能/eV	摩尔分数/%	结合能/eV
萤石	O1s	18.11	532.01	17.84	531.74
	Si2p	4.10	102.01	17.84	102.13
	Ca2p	28.92	347.94	27.63	347.89
	F1s	48.87	685.14	50.35	684.91
	Fe2p	—	—	0.83	710.85
白钨矿	O1s	68.70	531.52	68.00	531.50
	Si2p	0.92	102.53	1.04	101.94
	Ca2p	14.98	346.68	15.12	346.50
	W4f	15.40	35.03	15.09	34.86
	Fe2p	—	—	0.75	710.85

从表 4-6 的 XPS 能谱分析可以得到以下结论。

（1）加入助抑剂 $FeSO_4$ 后，方解石、萤石、白钨矿表面 O1s、Ca2p、Si2p 等结合能发生位移，从而导致矿物可浮性的变化。

（2）与单独使用硅酸钠相比，加入 Fe^{2+} 后，方解石表面 Si2p 的结合能向低能量方向发生 0.09eV 位移，达到 102.13eV，此结合能与 $CaSiO_3$ 中 Si—O 结合能一致，说明加入 Fe^{2+} 后，有利于亲水化合物 $CaSiO_3$ 在白钨矿表面的吸附，这将有利于实现白钨矿与方解石的分离。同时，方解石表面 Si2p 峰值变强，且表面吸附的硅离子摩尔分数增加，同样说明 Fe^{2+} 有利于硅酸钠在方解石表面吸附，降低其可浮性；另外，加入 Fe^{2+} 后，方解石表面 O1s 能谱出现新的吸收峰，其结合能为 532.40eV，说明在方解石表面生成了亲水基——水合氧化铁（FeOOH），进一步增强了方解石的亲水性，增大了方解石和白钨矿可浮性的差异。

（3）Fe^{2+} 使得硅酸钠与萤石作用后，萤石表面 O1s、Ca2p、F1s 结合能普遍向低位方向发生微弱位移。研究表明，元素失去电子成为离子后，其结合能增加，得到电子后，结合能降低。矿物对离子的吸附作用都发生在矿物表层，离子的吸附必然伴随着矿物表面元素组成和含量的变化。萤石表面结合能向低位发生位移，即萤石中的钙原子氧化态降低，同时离子吸附使络合离子的电荷密度降低。对同一元素而言，低结合能更容易与水中的 OH^- 结合，使得萤石亲水性增强，可浮性下降。但和方解石相比，Fe^{2+} 的加入使得萤石表面硅离子摩尔分数只发生微小变化，且未在萤石表面产生新的 O1s 吸收峰，各离子的 XPS 能谱图中峰值变化不大。因此，Fe^{2+} 的加入对强化硅酸钠对萤石抑制作用的效果不如对方解石明显。

（4）$FeSO_4$+硅酸钠的组合使用较单独使用硅酸钠相比，白钨矿表面 Si2p 的峰值强度明显降低，说明 Fe^{2+} 不但强化了硅酸钠对含钙脉石的抑制作用，还增强了硅酸钠的选择性，使其对白钨矿的抑制作用下降，增加了白钨矿和萤石、方解石可浮性的差异，进而得到高品位的白钨矿精矿，从而实现白钨矿的常温浮选。

第五章　钨矿资源综合利用

99　钨矿资源综合利用包括哪些方面？

钨矿资源综合利用包括钨矿尾矿综合利用、钨冶金废渣废液综合利用及含钨多金属矿综合利用等方面。

长期以来我国钨业十分重视钨矿资源的综合利用研发，并取得了积极进展。

100　我国钨矿资源综合利用技术的方向是什么？

（1）综合利用钨矿尾矿对我国钨工业的可持续发展具有重要的现实和长远意义。

（2）努力提高钨矿采、选、冶综合回收率，使有价成分得到充分合理回收利用，致力于研发无尾选矿工艺，避免有价成分随新产生的尾矿排放流失。

（3）加强对积累的老尾矿的综合利用研发，创新工艺技术，提高尾矿制品的科技含量，开发高附加值产品，全面综合回收其有价成分，充分发挥尾矿资源的作用。

（4）加强科技交流合作，引进和转化国外先进综合利用尾矿的研发成果，为建设符合资源节约、环境友好、循环经济理念要求的新型钨生态工业作出更大贡献，促进我国钨工业又好又快发展。

第一节　含钨多金属矿综合利用

101　钨与有色金属硫化矿如何分离？

含钨多金属硫化矿物在选矿分离过程中，主要得到合格的钨精矿及有色金属硫化矿，要尽量通过综合回收来提高选矿厂的经济效益。

这里所说的有色金属硫化矿是指铜、铅、锌、钼、铋、锑等金属硫化矿物和硫铁矿，而钨矿是氧化矿。

含钨多金属硫化矿石的选矿，一般采用重选、浮选、电选、磁选等多种选矿方法。处理这类型矿石选矿原则流程主要有下列四种。

（1）重选-枱浮-浮选或重选-浮选工艺流程。主要用于含钨品位高、嵌布粒度较粗、矿物组成简单的含钨多金属硫化矿石。矿石经粗磨后直接进行重选，将硫化矿物选入钨粗精矿中，然后用枱浮（即摇床浮选）得钨精矿及混合硫化矿物精矿，再将混合硫化矿物精矿进行浮选分离，分别得各种硫化矿物精矿（有时混合精矿需要再磨再选）；若矿石中含硫化矿物种类少，经磨矿后进行重选，得钨精矿，其尾矿进行浮选，得硫化矿物精矿。

（2）浮选-重选工艺流程。适用于钨矿物及硫化矿物呈细粒嵌布、物质组成复杂的含钨多金属硫化矿。将矿石磨到浮选所需的粒度，先混合浮选，得硫化矿物混合精矿，再将混合精矿浮选分离，得各种硫化矿物精矿。混合浮选的尾矿进行重选，得钨精矿。若矿石中是白钨矿，从浮选硫化矿物的尾矿中用浮选回收。特别是含钨少、含硫化矿物较多的矿石，首先考虑浮选硫化矿物，再从其尾矿中用重选或浮选回收钨。

（3）重选-浮选-重选工艺流程。用于黑钨矿和硫化矿物呈集合体嵌布在脉石或围岩中的含锡多金属硫化矿。采用在粗磨的条件下进行重选，重选的粗精矿经再磨后进行浮选，得到混合硫化矿物精矿，然后进行浮选分离，得到各自硫化矿物精矿。将混合浮选的尾矿用重选回收黑钨矿。

（4）磁选-重选-浮选工艺流程。适用于含大量磁性矿物的含钨多金属硫化矿。首先考虑选矿工艺流程，用磁选选出磁性矿物，然后用重选及浮选分离其他矿物，减少磁性矿物对重选、浮选的干扰，有利于提高选矿指标。

总之，若钨的产值大，在选矿中首先考虑回收主要对象是钨矿物；回收伴生硫化矿物是次要产品。为了最大限度综合回收这类型矿石中的钨矿物及其伴生有用矿物，采用单一的、简单的选矿工艺流程难以得到较好的结果。因此，若矿石中主要是黑钨矿，则采用的选矿方法是以重选为主、配合多种选矿方法的工艺流程；若矿石中主要是白钨矿，采用的选矿方法是以浮选为主来回收各种有用矿物。

102　钨锡如何分离？

我国钨、锡资源丰富，但钨、锡往往共生，这两种矿物密度相近，重选时成为混合精矿，因此，钨锡分离是综合回收和提高精矿质量的必要作业。

随着国内外用户对钨、锡精矿质量的要求不断提高，其混合精矿的分离与精矿精选除杂技术获得了进一步的发展，几乎囊括了现有的各种选矿手段，如重、浮、磁、电及化学选矿。无疑，这方面的成就对于满足国内市场需要和增强国际竞争能力均具有重要现实意义。

103　白钨与锡石混合精矿如何分离？

通常情况下，先采用重选的方法得到白钨矿和锡石的混合粗精矿。然后，采用浮选方法进行白钨矿与锡石的分离。

分离的方法是：用碳酸钠将矿浆 pH 调至 11 左右，添加大量水玻璃（9～14kg/t）抑制锡石，以氧化石蜡皂类或油酸类为捕收剂（1.5kg/t），在常温下浮选白钨，锡石则留在浮选槽中，从而实现钨、锡分离。生产实践表明，当混合粗精矿含 WO_3 为 63.24%、SnO_2 为 0.696% 时，采用此方法，可获得白钨精矿含锡为 0.094%～0.12%、钨回收率为 92.65%～95.93% 的国标一级白钨精矿。

电选法也是白钨精矿脱锡的重要方法，特别是对细粒白钨矿与锡石的分离效果显著。在西华山钨矿，采用 YD-2 型高压电选进行了工业试验，获得含 $WO_3$65.45%、Sn0.17% 的白钨精矿和含 Sn53.81%、$WO_3$12.17% 的锡精矿，钨、锡回收率分别为 77.39% 和 83.03%。

104 黑钨矿与锡石如何分离?

强磁选法和浮选法均是黑钨矿与锡石分离的有效方法。有人采用氟硅酸钠（1.5 kg/t 左右）抑制黑钨，苄基胂酸（1~1.5kg/t）浮选锡石，槽内产物为黑钨精矿，含 WO_3 53.75%，回收率为 59.1%；泡沫产物经强磁选得锡矿，含 Sn 大于 36%，锡回收率大于 86%。

105 黑、白钨混合精矿如何分离?

采用湿式强磁选设备，可使细粒黑、白钨的分离问题迎刃而解。在混合精矿粒度为 -0.25mm，黑、白钨比例为 65.11：34.89 时，采用 SQC-2-1100 型磁选机（场强 16000Oe）可获得良好的分离指标。

下垅钨矿的 -0.2mm 黑、白钨混合精矿（由摇床得到），其比例为 81.2：18.8。采用 SQC-2-1100 型磁选机在场强为 9800~16000Oe 内进行粗精矿扫选，当给矿含 WO_3 和 Ca 分别为 66.68% 和 4.07% 时，精矿可分别达到 70.33% 和 0.984%。钨回收率为 82.06%，磁尾再经浮选可得到含 WO_3 75.7%~76.4% 的优质白钨精矿，作业回收率为 90.9%~92.4%，磁-浮联合精选所得的特级黑钨精矿和白钨精矿的总钨回收率达 98% 以上。

106 钨精矿如何脱磷?

钨精矿中的磷对硬质合金的冷脆性有很大影响，因此，近年来用户要求其含磷小于 0.038%。目前主要的方法有如下几种。

强磁选分离法：莲花山钨矿用强磁选从白钨矿中分选出独居石、磷钇矿和磷灰石等含磷矿物，使白钨精矿中的含磷量由 0.15% 降至 0.034%，产品质量达到了特级白钨精矿的要求。

电选分离法：长沙矿冶研究院用 YD-2 型电选机进行了西华山黑钨精矿降磷试验，可使 -160 目黑钨精矿中的磷由 0.04% 降到 0.016%，-60 目的磷由 0.12% 降到 0.04%；与此同时，WO_3 含量则分别由 69% 和 65.14% 提高到 72% 和 73.72%。瑶岗仙钨矿的电选除磷试验也获得了类似结果。

浮选分离法：韶关精选厂采用浮选法对黑钨和白钨矿浮选脱磷积累了丰富的经验。

对黑钨矿脱磷，用碳酸钠和水玻璃作为调整剂（pH 为 8.5~9）抑制黑钨矿、锡石和脉石矿物，用 731 氧化石蜡皂作为捕收剂混合浮选白钨矿、独居石、磷钇矿、电气石等钙磷矿物，可使黑钨矿与之分离，其中钙的回收率达 89.8%，磷的回收率为 72.8%。另一组药剂制度是用苄基胂酸（1000g/t）浮选黑钨矿，羧甲基纤维素（20~60g/t）抑制钙磷矿物，可使黑钨与钙磷矿物分离，黑钨精矿含 WO_3 57%~60%，Ca 0.3%~0.42% 和 P 0.065%~0.154%，WO_3 回收率为 63%~76%。

对白钨矿脱磷，因常温精选时，随水玻璃用量增加，白钨矿和磷灰石也受抑制。

为此，可采用加温搅拌含水玻璃的矿浆，以增大矿物表面捕收剂解吸的差异，从而改善水玻璃的选择性抑制作用，这样得到白钨矿-磷灰石混合精矿，再用稀盐酸浸出磷灰石，便可获得最终白钨精矿。

107 钨锰如何分离？

为了适应市场竞争的需要，人们对白钨精矿的质量要求不断提高，其中包括锰在白钨精矿中的含量需小于 0.05%。

一般情况下，锰赋存在黑钨和石榴子石中，故从白钨矿中脱锰，实质上是白钨矿与黑钨矿和石榴子石的分离。众所周知，黑钨矿和石榴子石均为弱磁性矿物，而白钨矿无磁性，故强磁选是可供选择的分离方法。试验表明，锰含量能降至0.05%以下，其中以高梯度磁选的降锰效果最显著，高质量白钨精矿的产率较大，回收率也较高。

第二节 钨二次资源综合利用

108 什么是钨二次资源，它有何特点？

钨矿二次资源是指各种钨产品可循环利用的再生原料。它的主要来源有如下五种。

1）废钨制品及其加工废料

此类废料主要来自钨及其他含钨材料制品的生产加工过程，如钨棒、钨丝及钨块等生产的残料和机械切削碎片、磨屑废料及金属鳞皮。其含钨一般较高，通常为92%～99.5%。

2）钨中间制品生产过程废料

这类废料主要来自钨中间制品生产现场的地面垃圾及不合格粉末制品，由于还含有其他杂质成分，该类废料含钨量一般在80%以上。

3）合金废料

此类废料包括两大类，即废旧硬质合金和废旧合金钢。某些合金废料的大致成分见表 5-1。

表 5-1 合金废料的成分

物料名称	大致成分/%
废旧硬质合金	钨钴类：80～90WC；3～20Co
	钨钴钛类：66～85WC；5～30TiC；4～10Co
	钨钴钛钽类：82～84WC；4TaC；6TiC；6～8Co
废旧合金钢	高速工具钢类：12～18W；4Cr；5～8Co；1～5V
	热作模具钢类：9～8W；2～12Cr
	钼热作为模具钢类：1.5～6W；5～8Mo；4Cr；1～2V
	铬热作为模具钢类：1.5～7W；5～7Cr

4）含钨废催化剂

含钨废催化剂主要来自于石油化工行业，常用的含钨废催化剂成分见表 5-2。

表 5-2 常用的含钨废催化剂成分

物料名称	大致成分/%	
废钨镍催化剂	23.7WO₃	2.0Ni
废钨锰催化剂	2.2～8.9W	0.5～3Mn

5）含钨浸出渣

含钨浸出渣主要来源于钨冶炼生产的副产品。我国不同地区生产 APT 过程中的含钨浸出渣成分大致如表 5-3 所示。

表 5-3 含钨浸出渣的成分

成分	Fe	Mn	CaO	Ta₂O₅	Nb₂O₅	MgO	WO₃	Sc₂O₃
含量/%	26.74	16.58	2.4	0.15	0.46	4.6	3.0	0.03

钨的二次资源除上述外，还有钨加工提取过程中的废液及净化渣等。

109 有何方法从黑钨矿渣中提取氧化钪？

钪属于稀散而又昂贵的金属，已越来越多地用于军事工业和尖端技术中，如火箭和飞机的结构材料、宇航材料、核材料、高温超导体、激光晶体和涂层、钪-钠灯等，由此导致钪的需求量不断增加，价格也不断上涨，黑钨精矿渣是钪的主要资源之一，以往因渣中含有一定量的放射性物质而成为工厂的包袱，现在国内已有许多人从事从钨矿渣中回收钪的实验和生产工作。

钨矿渣由钨冶炼厂钨渣贮存地提供。该矿区钨矿渣主要成分为氧化钪（Sc₂O₃）0.02%～0.04%；铁（Fe）27.9%；锰（Mn）15.7%；二氧化硅及其他不溶物15%～20%。

从钨矿渣中综合回收钪、锰、铁、钨的工艺流程图如图 5-1 所示。

从钨渣中提取氧化钪主要包括酸浸出、萃取、洗涤、反萃和净化提纯五个过程。

1）盐酸浸出

由于钨渣中含有不同量的游离碱，故需要先用水洗至中性，再经烘干、粉碎、过 150 目筛、称重。盐酸浸出条件如下：

固液比 1∶0.5（以密度为 1.18g/ml 的浓酸计重）；

油浴温度 120℃±5℃（实际料温为 100～105℃）；

浸出时间 6h。

试验结果表明，浸出后的残渣呈灰白色或略显黄色，钨渣的浸出率在 78%～85%，见表 5-4。

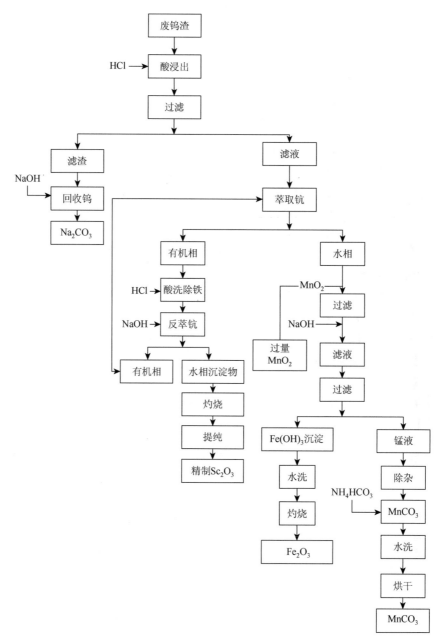

图 5-1　黑钨渣综合利用工艺流程图

表 5-4　钨渣浸出率

样品编号	重量/g	分解后残渣重/g	浸出率/%
1	1000	220	78.0
2	1000	210	79.0
3	1000	195	80.5
4	1000	190	81.0
5	1000	185	81.5
6	1000	175	85.0

本试验选用盐酸作为溶剂是由于钪可与氯离子形成强的络合物而被优先浸出，盐酸还是二乙基己基磷酸在煤油中萃取钪的优良介质，用盐酸浸出后的溶液易过滤，且盐酸相对来说比较便宜，将浸出液冷却后过滤，滤液作为溶剂萃取的原料液。

2）萃取

在溶剂萃取工艺中，选用萃取剂和稀释剂是非常重要的。可以选用 P204 为萃取剂，因为其化学性能稳定、萃取动力学性质优良、金属负载容量大、在水溶液中的溶解度小、价格相对低廉。选用的萃取有机相为 P204+仲辛醇的煤油溶液。加入仲辛醇是为了提高 P204 在煤油中的溶解度，从而避免产生第三相。初步研究了萃取级数、P204 含量、料液酸度、水相与有机相的相比及皂化条件等对钪萃取的影响，最佳萃取条件如下：

萃取剂组成为 12%P204+3%仲辛醇+85%煤油；

有机相∶水相=1∶5；

料液酸度 2.5～4mol/L；

萃取液中含 Sc 量<100mg/L；

萃取级数 1 级；

萃取时间 5min；

萃取温度 30℃左右；

P_2O_4 皂化条件 2mol/L NaOH 进行皂化。

3）酸洗

在萃取过程中，某些杂质如铁（三价）、钙、镁、铝、硅等或多或少与钪一起进入有机相。从钪的萃取化学可以看出，要从负载的有机相中提取钪，甚至用浓盐酸也是困难的，而大多数被萃取的杂质元素，则能用比较浓的盐酸溶液从负载有机相中洗提出来。为了除去负载有机相中的杂质，实验中采用 6mol/L 盐酸 5 级洗提，铁的最终洗脱率达 95%。洗涤后的酸液可返回，用于钨渣酸解或与萃取后的萃取液合并，用于 MnO_2 或灰锰矿的溶解和作碳酸锰和氧化铁回收用。酸洗条件如下：

盐酸浓度 6mol/L；

有机相∶水相=5∶1；

萃取级数 5 级；

萃取时间 5min。

4）反萃取

洗铁后的含钪有机相，用 2.5mol/L 的氢氧化钠溶液进行反萃取。反萃的最佳条件如下：

反萃液为 2.5mol/L NaOH 溶液；

有机相∶水相=5∶1；

反萃级数 1 级；

反萃时间 5min；

反萃温度高于 30℃。

从反萃液中沉淀出粗 $Sc(OH)_3$ 中间产品，经过滤、洗涤、烘干并在 800℃灼烧后，得到含 $Sc_2O_3$70%的粗制品。滤液经调整 NaOH 浓度后反复使用。经多次试验，平均粗制 Sc_2O_3（纯度为 70%）为 0.314g/kg 钨渣。

5）提纯

将获得的粗制 Sc_2O_3 用尽可能少的盐酸溶解，并稀释至钪的浓度为 5g/L。先用氨水调整 pH 接近中性，煮沸，使夹杂的硅以硅酸形式沉淀下来，过滤除去杂质，然后在滤液中加入已预先溶解好的按化学计量 110%的乙二酸溶液，使其生成乙二酸钪沉淀。经水洗后，再重复上述酸溶-乙二酸钪沉淀过程，将制得的白色沉淀物烘干。经 700～800℃灼烧，即得成品。试验表明，精制 Sc_2O_3（纯度大于 99%）为 0.176g/kg 钨渣，钪的最终回收率为 50%左右。

6）铁、锰回收

萃取后的水相中主要含有铁、锰元素，并含有约 3mol/L 的游离盐酸，如果不进行回收利用，则会造成严重的环境污染。根据市场需要，试验中将铁以氧化铁、锰以碳酸锰的形式进行回收。

首先按化学计量加入 1.5 倍的 MnO_2。搅拌加热溶液，以消耗多余的游离酸。反应式为

$$MnO_2+4HCl \longrightarrow MnCl_2+2H_2O+Cl_2 \uparrow$$

此步可同时将 Fe（二价）氧化成 Fe（三价），使铁、锰便于分离。反应后过滤，除去过剩的 MnO_2。然后将溶液加热至近沸，缓慢加入 10%NaOH 溶液或氨水，强烈搅拌，以防止局部溶液 pH 过大而引起锰的沉淀。调整 pH=6，即有大量 $Fe(OH)_3$ 产生。继续煮沸，使产生的 $Fe(OH)_3$ 聚集，趁热抽滤、水洗，经烘干、煅烧、粉碎、过筛后即为 Fe_2O_3。最后将滤液和洗水合并，加入 4.5mol/L H_2SO_4 使溶液中的 Ca 离子、Mg 离子呈(Mg, Ca)SO_4 沉淀析出，再用氨水调 pH=6.0～8.3，加入$(NH_4)_2S$ 和活性炭，以除去重金属离子和有机物。溶液中按 Mn 的含量计量加入 10%的 NH_4HCO_3 溶液，并调 pH=7.5～8，此时生成碳酸锰沉淀，过滤、水洗，在 90～105℃CO_2 气氛保护下烘干即为成品。

试验结果表明，每公斤钨矿渣可回收 Fe_2O_3 约 380g，回收率为理论量的 95%，$MnCO_3$ 约 500g，其含锰量为 42.9%。

7）钨的回收

根据钨矿渣中 WO_3 含量，用理论量的 1.3～1.5 倍的 NaOH 配成约 10%的溶液，将已洗至中性的酸解渣缓慢加入碱溶液中，搅拌并加热至沸，抽滤、水洗，将滤液和洗水合并，用酸调溶液 pH=5～6，煮沸使硅以硅酸形式除去，溶液经浓缩后以 Na_2WO_4 结晶回收。若除硅时析出大量硅酸，可加入过量盐酸，使钨以钨酸形式与硅同时析出，沉淀经水洗后，用氨水浸取，钨酸溶解，过滤后除去硅酸。将滤液浓缩氨，即分离出粗制仲钨酸铵。

试验结果表明，每公斤钨矿渣可回收 WO_3 20～25g，回收率达 50%。此外，尚可在回收碳酸锰沉淀的滤液中，考虑氯化铵的回收和利用。

110　有何方法从钨尾矿中回收钼、铋？

我国大多数钨矿床都在不同程度上伴生钼、铋，虽然重选能使其回收一部分，但因两者的自然可浮性好，在钨重选摇床作业中会进入尾矿，其综合回收率很低。傅联海成功从钨重选尾矿中浮选出钼、铋，细泥尾矿则浓缩后直接浮选回收钼、铋，钼、铋总回收率分别达 41.34%、32.5%；钼精矿、铋精矿品位分别达 46.85%、23.05%。

111　如何从苏打烧结法钨浸出渣中回收钽、铌、钪？

俄罗斯某厂苏打烧结法钨浸出渣的化学成分如表 5-5 所示。

表 5-5　俄罗斯某厂苏打烧结法钨浸出渣的化学成分

含量/%											氧化物总量/%
WO_3	Fe_2O_3	Mn_3O_4	Nb_2O_5	Ta_2O_5	SiO_2	CaO	Al_2O_3	TiO_2	SnO_2	Na_2O	
4.95	24.14	34.52	1.02	0.35	12.97	5.4	5.04	0.82	0.36	6.74	96.32

节里克曼等运用 X 射线分析、穆斯堡尔光谱并结合化学分析数据，确定了上述钨浸出渣的物相组成。钨浸出渣中的钨主要以三氧化钨形式存在，部分以未分解的钨矿和未洗净的钨酸钠形式存在。钽和铌最可能的存在形式为偏钽酸钠和偏铌酸钠。铁以各种不同的氧化物形式存在，如 FeO、Fe_2O_3、$CaFeO_3$ 等。X 射线分析证明，钨浸出渣中大部分的铁和锰以一氧化物 (Fe, Mn)O 形式存在，部分锰以 Mn_3O_4 形式存在，较少部分锰以 MnO_2 形式存在。硅在钨浸出渣中以 $CaFeSiO_4$、$CaO·Al_2O_3·2SiO_2$ 和 $Mn_3Al_2(SiO_4)_2$ 形式存在，未发现游离态的 SiO_2。钙除了以 $CaWO_4$ 形式存在，还很可能以铝酸盐（$Ca_3Al_2O_6$、$CaAl_2O_4$、$CaAl_{12}O_{19}$）、铝硅酸盐（$CaO·Al_2O_3·2SiO_2$、$3CaO·SiO_2·3Al_2O_3$）和硅酸盐（$CaFeSiO_4$）形式存在。

节里克曼等对用盐酸和硫酸浸出钨渣作了对比。渣的浸出率以锰进入溶液的数量来进行评论。表 5-6 列出了在不同温度下浸出上述钨浸出渣时锰的浸出率。

表 5-6　在不同温度下浸出钨渣时锰的浸出率

浸出温度/℃	锰的浸出率/%	
	10% HCl	10% H_2SO_4
25	78.18	66.26
40	82.18	71.42
60	86.26	78.73
80	88.20	81.75

注：浸出渣的质量为 2g，浸出时间为 2min，搅拌速率为 600r/min

从表 5-6 中不难看出，锰的浸出率在采用盐酸情况下最好，提高温度对浸出十分有利。

浸出试验还证明，在用盐酸浸出时，钽和铌实际上完全保留在浸出渣中，而钪进入溶液。

值得注意的是，在用盐酸浸出时，全部二氧化硅留在浸出渣中。而在用硫酸浸出时，大部分二氧化硅进入浸出液，同时浸出渣很难过滤，而且约有 21% 的钨进入溶液。因此，钨渣中的钨必须在酸处理之前进行提取。

用苏打高压浸出钨渣的试验表明，钨的浸出率为 95%。钽、铌、钪、铁、锰实际上完全留在浸出渣中。

根据以上试验，节里克曼等提出了用盐酸方案处理钨渣的原则流程图（图 5-2）。

按照上述流程，93%～94% 的钨进入苏打溶液；98%～99% 的铁、锰和 86%～89% 的钪进入盐酸溶液，96%～100% 的钽和铌进入含 $\Sigma(Ta, Nb)_2O_5$ 约 4%～6% 的富集渣中。为了得到较富的钽铌精矿，采用碱液处理法或硫酸盐-过氧化物法处理含钽铌的富集渣。碱液处理法得到含 $\Sigma(Ta, Nb)_2O_5$ 约 14%～17% 的钽铌精矿，而硫酸盐-过氧化物法可得到含 $\Sigma(Ta, Nb)_2O_5$ 约 40%～60% 的钽铌精矿。钽铌进入钽铌精矿的回收率为 70%～80%。

为了从含铁、锰、钪的盐酸溶液中提取钪，可采用有机溶剂萃取法，得到含 3%～4%Sc_2O_3 的富集物。该富集物可进一步用已知方法制备纯的氧化钪。

戴艳阳等为了从钨渣中富集钽铌矿，也对钨渣的综合利用进行了研究，所用钨渣和得到的钽铌富集物成分及钽铌回收率分别见表 5-7 和表 5-8。

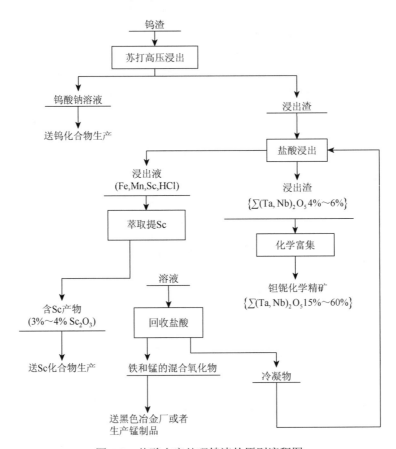

图 5-2　盐酸方案处理钨渣的原则流程图

表 5-7　钨渣的成分分析　　　　（单位：%）

Fe	Mn	CaO	Ta_2O_5	Nb_2O_5	MgO	WO_3	Sc_2O_3
26.74	16.58	2.4	0.15	0.46	4.6	3.0	0.03

表 5-8　钽铌富集物的成分及钽铌回收率　　　　（单位：%）

实验号	Ta_2O_5	Nb_2O_5	$Ta_2O_5+Nb_2O_5$	钽铌回收率
1	4.07	11.78	15.85	79.2
2	4.01	11.79	15.80	78.6
3	4.10	12.06	16.04	80.6
平均	4.06	11.89	15.89	79.46

其工艺特征为用苏打烧结法处理钨渣，通过水浸使 P、As 及部分 Si 以钠盐形式进入含钨浸出液。然后参照从炼锡炉渣中提取 Ta、Nb 富集物工艺，用稀盐酸热浸、快速过滤方式使 H_2SiO_3 通过滤布而实现脱 Si 及 Ta、Nb，达到初步富集的目的，再通过浓酸浸出 Fe、Mn、Sc，获得钽铌富集物。

112　处理含锡钨渣有哪些工艺？

由于锡石是黑钨矿的伴生矿物，黑钨矿精矿中均多多少少含有一定数量的锡。在用苏打高压浸出或苏打烧结法分解黑钨精矿时，得到的钨浸出渣有时锡含量可高达 10% 以上。目前的炼锡方法多是针对高品位的锡精矿的，不适宜从钨渣中回收锡。

莫斯科国立钢铁合金学院的米德维杰夫等提出了两种处理高锡钨渣或含锡度低钨原料的流程。第一种流程是基于将 W-Sn 中间产物中的锡还原为金属锡和含锡的金属间化合物，然后采用低温氯化的办法将锡以氯化锡的形式回收，粗 $SnCl_4$ 精制后用 Sn-Zn 合金还原回收金属锡，氯化残渣，经酸处理浸出锰、铁、钪后，浸出液送锰、铁、钪提取，浸出渣或以湿法冶金的方法回收其中的铌、钽、钨，或在电弧炉中冶炼铁合金。第二种流程（图 5-3）是基于将含 WO_3、SnO_2、锰、铁、钪、铌、钽的原料首先用酸处理得到含锰、铁、钪的水溶液，浸出渣经氨浸得到钨酸铵溶液和含铌、钽、锡、硅的氨浸渣。含锰、铁、钪的水溶液用萃取法回收钪，再从萃余液中回收锰盐或 MnO_2。钨酸铵溶液送仲钨酸铵生产，而氨浸渣可按如图 5-3 所示流程图进行处理，或进行还原熔炼先回收锡，再回收铌、钽。

113　如何综合处理钨渣中的铀、钍等放射线矿物？

我国的黑钨矿大部分均伴生有铀、钍矿物，在碱法提钨工艺中 U、Th 均富集于渣中，这种放射性超标的浸出渣长期露天堆存对环境构成极大威胁，因此在 20 世纪 70 年代末～80 年代初，湖南冶金研究所在株洲硬质合金厂的配合下，对处理这种放射性钨渣进行了长期、细致的研究工作，开发了一条思路新颖的工艺流程，在每批处理钨渣 200kg 规模的基础上完成了扩大试验。其工艺流程图见图 5-4 和图 5-5。

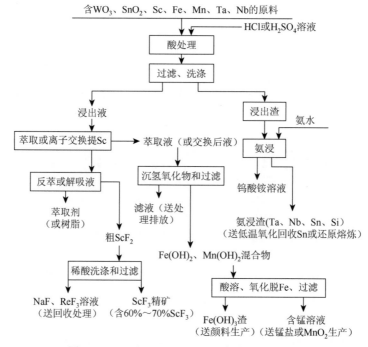

图 5-3 处理含 WO₃、SnO₂ 原料的综合流程图

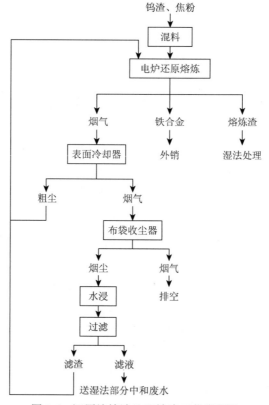

图 5-4 还原熔炼法处理钨渣工艺流程图

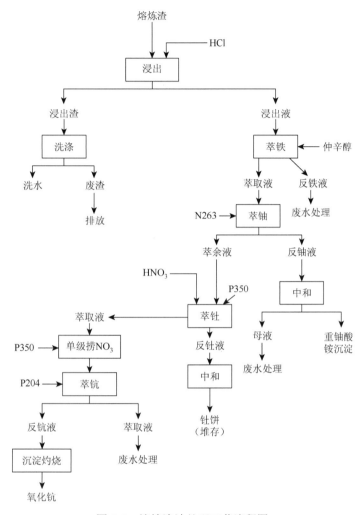

图 5-5 熔炼渣法处理工艺流程图

熔炼在单相电弧炉中进行，控制炉温 1500～1600℃。炉料熔化后保温反应 2h，得到的合金及熔炼渣成分见表 5-9 和表 5-10。熔炼 1t 钨渣生产 0.45～0.5t 钨铁合金，主要元素在合金与熔炼渣中的比值见表 5-11。

表 5-9 铁合金平均成分 （单位：%）

元素	Fe	Mn	W	Na+Ta	C	Th	U	Sc
含量	64.06	20.47	6.22	0.452	5.49	微量	微量	微量

表 5-10 熔炼渣平均成分 （单位：%）

元素	FeO	MnO	WO_3	$(Nb+Ta)_2O_5$	ThO_2	U	Sc_2O_3
含量	2.12	28.6	0.051	0.405	0.096	0.109	0.077
元素	SiO_2	CaO	MgO	Al_2O_3	Na_2O	C	
含量	18.50	15.90	2.42	18.41	3.60	0.158	

表 5-11　主要元素在合金与熔炼渣中的比值

元素	Fe	W	Ta+Nb	Mn
比值	82.1∶1	85.8∶1	9.23∶1	2.65∶1

　　放射性检测表明：合金、收尘后排放尾气的放射性符合安全标准。放射性物质集中在烟尘与熔炼渣中，烟尘返回闭路，熔炼渣重仅占钨渣重的 1/4，有利于集中处理。经酸溶-萃取法处理，制取了重铀酸铵一级品及大于 93%的氧化钪，钍以固体富集物产出。由于当时中间铁合金售价低，氧化钪无市场，钍饼需深埋，故未能投入工业应用。如果中间铁合金进一步炼成特种钢，氧化钪提炼成纯产品，按现行环保政策衡量，这一工艺经过改进完善是有工业应用价值的。

114　如何从钨废渣中回收钨？

　　针对一些冶炼厂浸出工序条件控制不当、浸出渣含钨有时高达 7%左右的情况，肖连生等已在两家工厂实现了从钨渣回收钨的生产，集中处理从各厂收购的含 4%WO$_3$ 以上的钨渣。采用苏打烧结法对配料进行调整得到的烧结块用水浸后以离子交换工艺进行处理，生产 APT。

　　钨渣苏打烧结时，苏打用量通常为理论用量的 4～6 倍。烧结设备在处理量小时可采用反射炉，处理量大时采用回转窑。Φ1800mm×26000mm 的回转窑日处理渣量为 32～40t。当钨渣含 5%WO$_3$ 时，水浸渣中 WO$_3$ 含量小于 0.8%。

　　由于钨渣含杂质较高，故在离子交换工艺中增加了氯化钠溶液洗杂作业，对含钼高的原料采用了密实移动床——流化床除药技术。

　　由于钨渣从各地收购，故浸出渣成分复杂。其他有价成分暂未回收处理。

115　如何从净化钨酸盐溶液的磷砷渣中回收钨？

　　钨冶炼过程每生产 1t 钨氧化物半成品，排出净化渣量 90～100kg（以干渣计），此种渣称为一次磷砷渣，含钨较高，其典型成分见表 5-12。现行生产工艺采用 NaOH 煮洗的方法将夹带的钨回收，产生的渣称为二次磷砷渣，其成分见表 5-13。

表 5-12　一次磷砷渣（干基）成分　　　　　　（单位：%）

WO$_3$	SiO$_2$	As	P	MgO	Sn	Al$_2$O$_3$
12.0～16.0	0.70～8.0	0.3～2.0	0.37～6.0	31.0～42.0	0.01～0.30	0.01～3.0

表 5-13　二次磷砷渣（干基）成分　　　　　　（单位：%）

WO$_3$	SiO$_2$	As	P	MgO	Sn	Al$_2$O$_3$
3.0～8.0	0.70～8.0	0.3～1.8	0.3～8.0	33.0～45.0	—	—

　　中南大学 20 世纪 70 年代就研究了用酸溶-萃取法从一次磷砷渣中回收钨及萃余液的沉砷处理方法。80 年代在株洲硬质合金厂的支持下，对二次磷砷渣的处理进行

了系统的研究，开发的工艺流程图见图 5-6。

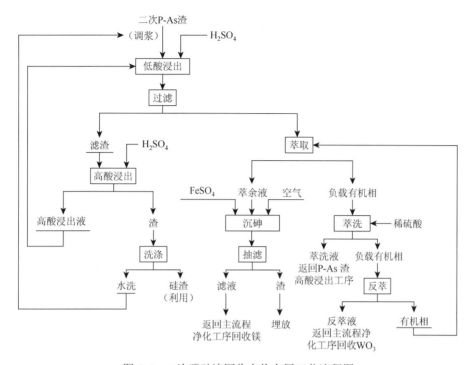

图 5-6　二次磷砷渣回收有价金属工艺流程图

该流程的工艺特点为：用硫酸两段酸浸，最终酸浸渣含 WO_3 0.45%，含砷 0.017%，含镁 0.055%；pH 为 2 的低酸浸出液用 N235-仲辛醇有机相单级萃取，钨可定量回收，用 Na_2CO_3 反萃，反萃液中的砷钨比值在 $(0.8\sim1.5)\times10^{-2}$，pH 为 8～9；含砷的萃余液用晶形铁盐法沉砷，除砷滤液砷含量小于 2mg/L，含大量 $MgSO_4$，返回主流程净化工序，铁砷渣不溶于水和微酸性溶液，可安全堆放。全流程除固体排渣口外全部闭路，无废水、废气等二次污染产生。在此基础上又进一步研究了一次磷砷渣直接酸溶-萃取工艺，省去了原工艺的碱煮作业。

116　废钨材及含钨废合金的回收利用有哪些技术？

钨的二次资源中，如果不计浸出残渣及净化渣中可回收的钨，则直接来自深加工过程的废料大约占 1/3，而使用后报废的零部件占 2/3。具体而言这些废钨料大致分为如下三类。

（1）钨材加工制造过程产生的废品，如丝、线圈、粉末、烧结或预烧结锭。

（2）钨合金或合金产品制造过程的副产物或废品，如成分为 Cu-W、Fe-W、Ni-W、Ag-W 的粉末、车削、锭及块料。

（3）硬材料及钻探工具制造过程的副产物或废品，如成分为 WC-Co、WC-Ta（Nb）、WC-TiC-Co 的粉末，大小不等的刀具、钻头、拉丝模、耐磨材料。

如果按照这些废料的外形及沾污程度，则可将它们分为纯的块状料、纯的渣和污染的渣三类。实际回收工作可根据这三类物料的性质作合理安排。回收利用这些废料的基本技术路线有如下两条。

（1）保持金属、合金或碳化钨的组成不变，而直接重新利用的工艺路线。

（2）将钨转变成粗 Na_2WO_4 而生产 APT 的工艺路线。

围绕这两条技术路线，开发了一系列处理各类废钨材及含钨废合金的方法，重点介绍如下。

1）破碎法

此法适于按第一条技术路线处理回收废硬质合金，但不太适合处理高钴合金，因为这类合金强度高、不易破碎。破碎方法简单，不改变硬质合金废料的基本组成，无需进行钨钴分离。根据破碎的方法分为手工破碎法与机械破碎法两类。

（1）手工破碎法。

国内一些中小硬质合金厂采用此法，对于牌号明确的合金如顶锤，用手工破碎到一定细度后，再进入湿磨机研磨，以获得同成分的混合料，并用它生产合金。但是人工破碎容易引起脏化，在钢制球磨机中研磨容易引起含铁杂质的混入。另外由于不易控制碳平衡，合金结构和性能容易波动。

（2）机械破碎法。

机械破碎法的工艺流程图见图 5-7，此法既适合于同成分合金的回收，也适合不同成分合金的回收。国外一般不用此法回收的料来配制质量要求高的合金，仅用于生产木工工具类硬质合金。有的还将 1.6～5mm 的废合金粒和钢水一起浇铸成供建筑行业用的地面磨盘。最近，俄罗斯学者推出了一种利用简单机械破碎法回收硬质合金的工艺，生产流程图见图 5-8。这一回收硬质合金的工艺利用一种新型的强力破碎机——锥形惯性破碎机。以处理合成人造金刚石报废的 YG6 硬质合金为例，先将废顶锤在锥形惯性破碎机中进行破碎。破碎得到的粗粉在 No.016 和 No.005 筛子上过筛，分离出 50～160μm 部分，用作生产硬质合金的原料。按化学分析，这部分粗粉含铁的平均量为 1.8%。粉末粒度越小，铁含量越高。回收合金粉的细磨在实验室用的内衬有耐磨橡胶的振动球磨机中进行。使用硬质合金球，湿磨介质用酒精，同时在磨料时加入 2%的钴粉。

在振动球磨机中经 60h 的湿磨后，WC-Co 混合料的平均粒度不大于 lμm。增加球磨时间并不会使细度进一步增加。实际上经 20h 的球磨后，就可获得 WC-Co 烧结料的最小平均粒度（3.0～3.5μm）。

新加入的 2%钴粉是为了在液相烧结过程中能顺利完成硬质合金结构的形成和致密化。烧结后最终的硬质合金成分大约相当于 YG8 合金。硬质合金试样的制备采用传统的生产工艺。烧结在真空电炉中于 1400～1460℃下进行。对烧结试样按俄罗斯的国家标准进行了收缩率、密度、抗弯强度和金相结构试验。试验结果表明，将 YG6 硬质合金废料的破碎粗粉细磨至 3～4μm，并在 1430℃下进行烧结，是再生 YG6 硬质合金废料的最佳条件。

试验还表明，在锥形惯性破碎机中破碎时增加的杂质铁含量，对烧结样品的强度性能并没有影响。无论是否用 50%的盐酸对破碎筛分得到的粗粉进行处理，产品

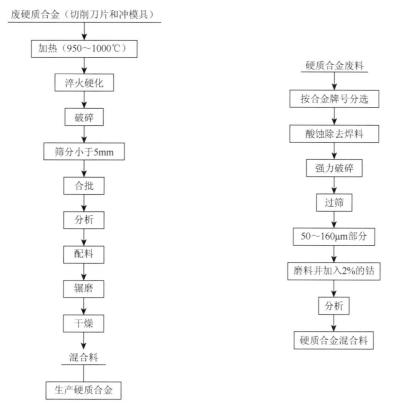

图 5-7　机械破碎法生产再生硬质合金　　图 5-8　机械破碎法回收硬质合金废料的
工艺流程图　　　　　　　　　生产流程图

的强度实际上并无差别。

对蚀刻的金相样品的显微镜观察表明，在最佳磨粉条件下和烧结条件下得到的硬质合金具有均匀的细颗粒结构，无聚集现象，黏结相分布均匀，孔隙率低。因而预示用此方法回收的合金应具有相当于标准 YG8 硬质合金的高力学性能。

2）冷流法

冷流法回收硬质合金废料的方法也是一种机械破碎法。它采用高速的空气气流来加速硬质合金废料颗粒，使之以足够的能量与靶子碰撞而破碎。废料颗粒的速度约为声速的两倍。空气从喷嘴中喷出因膨胀而冷却，从而防止物料氧化。经筛分或空气分级后，粗料返回冷流破碎。

3）锌熔法

锌熔法基于以下原理：在液态锌或锌蒸汽的作用下，硬质合金废料黏结相中的钴能与锌形成 Zn-Co 金属间化合物。这一反应导致黏结相的体积膨胀，使硬质合金废料整体膨胀。在真空蒸馏除去锌之后，被处理料变脆且易于破碎。回收得到的碳化物/金属海绵状物含锌少于 0.05%。真空蒸馏冷凝的锌可反复使用。

在锌熔法回收硬质合金废料的生产流程中，首先将经净化、分类和破碎后的硬质合金废料在 900～1050℃的温度下和 Ar/N$_2$ 气氛中，与熔融的锌反应数小时，直至全部合金废料小块浸透。然后在 6～13Pa 的真空中于 1000～1050℃下将锌蒸馏除去。

蒸锌过程也需要数小时。冷却后的物料经破碎、研磨和筛分。筛上物返回作锌熔处理。得到的回收料，除了在破碎和研磨过程中增铁约 0.1% 和缺碳 0.12%～0.15%，化学成分与原始物料几乎相同。

过程的能耗为 4kW·h/kg，这与通常生产 WC 的能耗 12kW·h/kg 相比，是十分节能的。与非直接回收法相比，锌熔法的成本对 WC-Co 合金而言低 20%～30%，对 WC-TiC-Ta（Nb）C-Co 合金而言要低 30%～35%。

锌熔法也是一种基于第一种技术路线的回收方法。

此外，也可将锌熔法与冷流法联合使用。合金废料在浸锌后用冷流法破碎，然后再进行蒸锌。

4）电解法

电解法分为酸性电解质电溶法及碱性电解质电溶法两类。

（1）酸性电解质电溶法。

这是一种处理废硬质合金的方法，比较适宜处理含钴 8% 以上的废合金。它以盐酸为电解质，废合金块料置于钛网阳极框中，通过控制电解液酸度、槽电压、电流密度等工艺参数，选择性地使硬质合金废料中黏结相的钴溶解，而使得骨架相碳化钨松散，解体成粉状，从而达到碳化钨与钴的一步分离。含钴溶液经净化后可进一步加工成钴粉，而碳化钨粉经细磨后可重新返回配制硬质合金混合料。

酸性电解质电溶法回收处理硬质合金废料的流程图如图 5-9 所示。电解质通常采用稀盐酸，HCl 的浓度为 1.2mol/L，槽电压为 2V。在此条件下电流效率最高，比电耗最低。每吨硬质合金废料的处理费用约 5000 元。工艺的要点是控制溶液的酸度、电流密度和槽电压，使钴在阳极上优先溶解，并使在阳极上不析出氯气和氧气，以保证同时位于阳极上的 WC 不被氧化。电解时阴极过程为电解液中的氢离子放电，析出氢气。

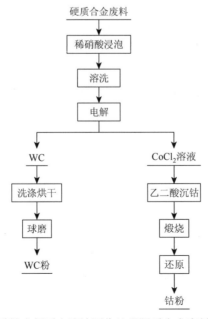

图 5-9　酸性电解质电溶法回收处理硬质合金废料的流程图

多数研究者认为选用盐酸电解质较好，但也有人推荐硫酸电解质，认为采用盐酸电解质在阳极易发生析氯反应，导致 WC 的氧化，使阳极钝化。

电解法回收处理硬质合金废料得到的 WC 中氧含量较传统方法高。前者一般为 0.2%～0.5%，后者仅为 0.05%～0.15%。有时因为阳极温度过高，回收的 WC 氧含量更高，影响合金的碳平衡。为了制取稳定结构的硬质合金，不得不采取还原的方法降低其氧含量。此外，当硬质合金中含有 Ni、Fe 和 Cr 成分时，含钴溶液的净化要采用萃取法，造成工艺复杂、设备和回收成本增加。

回收的 WC 也可进一步高温氧化后用 NaOH 浸出使钨转变成 Na_2WO_4，用以制取 APT。

（2）碱性电解质电溶法。

这是基于第二条技术路线提出的处理方法，可以处理各种含钨废料。该法采用 NaOH 为电解质。关键是必须采用具有旋转阳极的电解槽。在电极旋转时，阳极框内的金属块不断翻动，从而使在电解时形成的阳极泥及氧化皮从金属块表面剥落，工作阳极的表面处于一个不断更新的状态。因此最高电流密度与能耗取决于阳极旋转速度及废料类型。

图 5-10 和图 5-11 分别为处理不同含钨物料的两种电解槽的简单构造图。而表 5-14 为应用如图 5-11 所示形式电解槽处理某些钨废料的电解能耗与槽电压数据。

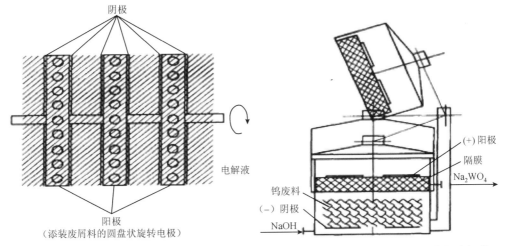

图 5-10 处理硬质合金、含铁金属块料、钨合金的电解槽

图 5-11 处理线圈、钨丝、烧结棒的电解槽

表 5-14 不同类型钨料的电解能耗与槽电压

废料类型	$E/(W·h/g)$	$V/[g/(A·h)]$
钨棒、板	3.1	1.12
W-Cu 棒、板	6.0	0.86
低铁含量金属块	3.8	0.81
高铁含量金属块	4.3	0.83

5）氧化法

这类方法均是基于第二条技术路线，即将废料中的钨转变为氧化钨或钨酸钠的方法。

（1）空气氧化法。

实质是在箱式电炉或反射炉内于 550～600℃下通氧气强化废料的氧化过程，氧化料先后用 NaOH 及 HCl 处理，分别得到 Na_2WO_4 溶液及 $CoCl_2$ 溶液，各自进入湿冶系统处理。

（2）芒硝熔合法。

在 1000℃以上高温下用 Na_2SO_4 与含钨废料进行熔炼，钨氧化转变成 Na_2WO_4，水浸后进入湿冶系统，反应产生的 SO_2 与 Ca、Ni、Fe 等形成硫化物，浸出渣用盐酸处理可得到 $CoCl_2$ 溶液，但实际上由于生成难溶于酸的硫化物，熔合产物尚需进一步氧化焙烧。此法能处理不同成分的废合金及废钨制品，但 SO_2 气体的排放对环境会造成污染。

（3）改进的硝石熔合法。

用 $NaNO_3$ 在反射炉内与废料熔炼，熔合产物水浸，钨以 Na_2WO_4 形式进入湿冶过程，浸出渣再用 HCl 浸出得 $CoCl_2$ 溶液，进入 Co 湿冶系统，此法适应性强，金属回收率高，但产生污染环境的 NO_2 气体，且反应过于激烈、危险。

为了克服这两个缺点，Sandvik Asia Ltd 的 Poona 通过数年的实验室研究及扩大试验，成功地开发出改进的硝石熔合法，其基本原理是用氢氧化钠与硝石混合熔合废硬质合金，此时发生下列反应：

$$WC+2NaNO_3+2NaOH \rule[0.5ex]{2em}{0.4pt} Na_2WO_4+Na_2CO_3+N_2\uparrow+H_2O\uparrow$$

最佳反应温度为 450～500℃，在此范围内，反应十分安全平稳，如果废料平均粒度为 0.6mm，硝石与氢氧化钠、废料的比例为 25%：25%：50%，反应可在 60～70min 结束，钨的回收率达 98%～99%，半工业规模试验处理了 50t 废料，排出气体中的 NO_x 含量小于 0.02%。

（4）苏打焙烧-碱浸法。

罗琳在日本研究了从含钒的钨合金废料中用此法回收钨与钒的工艺，其工艺流程图如图 5-12 所示。

对于原始合金的成分及由这种合金制取粗 Na_2WO_4 溶液的详细过程并未披露，粗钨酸钠溶液的成分见表 5-15，显然硅与铝是主要应除去的杂质。从这种溶液中回收钨、钒的过程分为三个阶段。

表 5-15　粗 Na_2WO_4 溶液的组成　　　　（单位：g/L）

WO_3	V	SiO_2	Al_2O_3	Mo	Cr	Co	Fe	Pd	Au	Pd	P_2O_5
94.97	0.1756	5.78	0.0525	<0.0001	0.0089	0.0069	<0.0001	0.0023	0.0071	0.0480	0.0362

第一阶段：用盐酸调整溶液 pH 至 11，加热至 80℃，按 1kgWO_3 添加 0.1kg $Al_2(SO_4)_2 \cdot 18H_2O$ 和 0.05kg$MgSO_4 \cdot 7H_2O$，用 Na_2CO_3 控制 pH 为 9.0～9.5，搅拌 0.5～1h。

由于硅含量很高，需要两次沉硅。硅大概以 $Na_2O \cdot Al_2O_3 \cdot 2SiO_2$ 及 $MgO \cdot Na_2O \cdot SiO_2$ 沉淀形式除去。同时有部分磷、砷以 $MgHPO_4$ 及 $MgHAsO_4$ 形式除去，尽管铵镁盐除磷、砷效果更好，但会造成 80% 的钒损失。之后用 $Ca(OH)_2$ 沉钨，而 V、Si、Al、P、Co、Mo、Pb 与 W 同时沉淀，仅有 6% 的 Cr 沉淀，因而可除去钠及大部分铬。

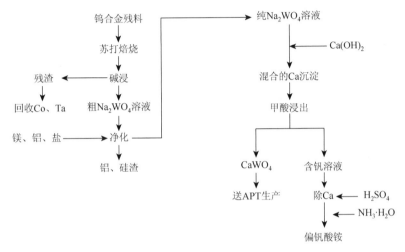

图 5-12　处理含钒钨合金废料的工艺流程图

第二阶段：回收钒。基于 $CaO \cdot nV_2O_5$ 及 Cr 的钙盐能溶于饱和 CO_2 的碳酸溶液或甲酸溶液中，研究者详细研究了甲酸选择浸钒的条件。结果表明，最佳条件为控制甲酸加入量使溶液 pH 约为 6、温度为 25℃、液固比为 3、反应时间为 0.5h，提高温度、降低 pH、增加液固比、延长反应时间均可提高钒的回收率，但同时也增大钨损。浸出液用 H_2SO_4 酸化至 pH 为 2.0～2.5 以沉淀 $CaSO_4$，过滤之后，添加 NH_4OH 回调 pH 至 6～8，蒸发使溶液体积减小 1/3，在空气中只有五价钒稳定，故偏钒酸铵沉淀析出。沉淀母液补加甲酸用于下一个作业周期，钒的最终回收率为 86.96%，详见表 5-16。

表 5-16　钒的回收率

作业阶段	钒浓度/(g/L)	钒收率/%
浸出液	0.175	100.00
钙沉淀	<0.0001	>99.99
甲酸浸出	1.18	90.23
硫酸沉钙	1.38	90.14
氨水沉钒	0.18	86.96

第三阶段：回收钨。甲酸浸出残留物用盐酸在 80℃浸出，仅控制 pH 约为 4，此时需注意用空气搅拌，一方面为使 W 保持六价，另一方面为了防止钨酸盐重新沉淀。之后使钨酸溶液混于过量氨水中，pH 大于 11，此时 Ca 与其他杂质（Si、P、As、F）沉淀。滤液蒸发结晶 APT。

（5）氧化-直接还原法。

用粉末冶金法生产的重合金主要是坯料，在生产零部件时尚有 30%～50% 的加工余量，因此有大量重合金切屑应加以回收。

陈立宝、贺跃辉等研究了 W-Ni-Fe 系重合金机加工切屑的回收。用 5% 的酸与碱分别洗涤除去切屑表面的机油与杂质后，用清水漂洗、干燥，然后将粉末混合均匀，在井式炉内氧化 2h，氧化料用滚筒球磨机磨碎至小于 75mm，再用氢气还原 2h。结果表明，切屑氧化后其物相组成为 WO_3 和 $(Ni, Fe)WO_4$，铁和钨不会形成难还原的氧化物；还原粉末的物相组成为 W、Ni、Fe，且铁和镍形成固溶体，均匀分布于钨晶间；在 800℃时还原能得到高质量的再生重合金粉末，粒度约为 1μm，粉末形状规则。温度高于 900℃时，还原料中的含氧量可降至 0.25% 以下，符合国家标准要求，但还原粉末长大，表面变为不规则，重合金切屑和还原粉末的化学成分对比见表 5-17。

显然这种粉可以直接返回生产合金。

表 5-17　重合金切屑与还原粉末成分对比

材料	质量分数/%				
	W	Ni	Fe	Co	Mn
切屑	93.422	4.040	2.310	0.200	0.028
还原粉	93.071	4.110	2.520	0.270	0.020

117　如何从含钨废催化剂中回收钨？

废催化剂中的钨主要以氧化钨、硫化钨等形式存在，主要回收方法有焙烧-氨浸法、苏打烧结法和焙烧-苏打浸出法等工艺。

118　如何用焙烧-氨浸法制取钨酸？

我国某厂以废丙烯氧化制取的丙烯酸二段催化剂和石油加氢催化剂 RN-1、3581 为原料生产钨酸采用了此工艺路线。

焙烧过程在反射炉中分为两步进行。第一步主要是为了除去废催化剂中的水、有机物和积炭等，温度控制在 600～650℃，焙烧时间为 8h 左右；第二阶段为氧化阶段，目的是将废催化剂中的 WS_2 氧化为三氧化钨。

$$WS_2 + 3.5O_2 = WO_3 + 2SO_2$$

温度为 700～750℃，焙烧时间在 8h 左右，直到硫化钨全部氧化为三氧化钨。

焙烧料冷却后粉碎至 –60 目（小于 0.246mm），再用 18.5%～20% 的氨水浸出，浸出温度为 78～90℃，直到其中的 WO_3 全部溶解，这一过程需要 6～8h。浸出液在 56～65℃下保温 10h 以上，使其中的硅、磷、砷、铁、氟等杂质沉淀下来，再进行过滤，得到的钨酸铵滤出液浓度为 32%～33.4%。

滤出液蒸发浓缩至原来体积的 52%～58%，再用 50% 浓硝酸中和至 pH 为 6.2（用盐酸中和时，终点 pH 控制在 7.0～7.8），温度降到 10～15℃，保温 4h，钨将以仲钨酸铵结晶析出。结晶母液用硫化除钼后适量返回蒸发工序，以回收其中的钨。

将仲钨酸铵加入 50%的硝酸中，加热至沸腾，搅拌 30min 左右，使仲钨酸铵完全转化为钨酸，虹吸上清液，沉淀再用 2%～3%的硝酸和去离子水分别洗涤 5～6 次和 1～2 次，以彻底洗掉钨酸中的 NH_4NO_3。湿钨酸在回转窑中于 100～110℃条件下干燥，即可得到产品钨酸，产品成分为：$WO_3$92.6%，Mo 含量不大于 0.01%，氯化残渣不大于 0.03%，Fe 不大于 0.01%，Al 不大于 0.01%，Si 不大于 0.03%。

119　如何从废催化剂中用苏打烧结法制取 APT？

陈绍衣等经过实验研究，提出了用苏打烧结法从废催化剂中回收钨制取 APT 工艺方法。原料为炼油厂提供的以氧化铝为载体的废镍催化剂，该工艺的特点如下。

（1）废催化剂高温焙烧。废催化剂在 800～850℃下焙烧数小时，然后球磨，产物成分为：67.01%Al_2O_3，23.70%WO_3，2.0%Ni，1.86%SiO_2，0.041%Mo。

（2）苏打烧结与水浸。焙烧料经球磨至 200 目（0.074mm），与苏打混合或用饱和的苏打溶液浸润烘干，然后进行高温烧结，烧结产品再用热水浸出。苏打用量为理论量的 1.5 倍，钨与大部分铝留在渣中。

（3）浸出液净化。浸出液中钨的浓度为 130～180g/L，其中含有铝、硅、磷等杂质，采用两段净化法，用中和法除去铝硅（pH=8～9），再加入氯化镁溶液沉淀磷和砷。

其余步骤同经典工艺。

该方法总回收率达到 92%以上，产品 APT 质量除钼含量为国标二级外，其他成分均达到国标一级产品纯度要求。

有文献介绍了一种从废催化剂中回收制取偏钨酸的方法，该法工艺为废催化剂→焙烧→碳酸钠浸出→溶剂萃取→有机酸沉淀→偏钨酸。其中，废催化剂在 500～600℃焙烧 2～3h，再用 11g/L 的 Na_2CO_3 溶液浸出；浸出液在碱性条件下用季铵盐 7402 萃取分离，负载有机相用 NH_4Cl+NH_4OH+辅助剂溶液反萃；反萃液加入有机酸沉钨。该法钨的回收率可达到 90%，无需除硅工序，只需一级萃取，但主要缺点是季铵盐 7402的萃取容量太小，且循环使用槽型很复杂。

120　含钨废液有哪些综合利用技术？

为提高钨资源综合利用效率，对制取 APT 时有 10%～15%的钨进入各种渣洗水、APT 结晶母液等稀溶液进行综合回收利用得到各厂家的重视。鉴于现有回收工艺在指标、环保等方面不太理想，黄良才等通过实验研究，开发成功一种弱碱性离子交换工艺处理 APT 结晶母液等含钨稀溶液新工艺。该工艺采用大孔弱碱性阴离子交换树脂，从弱酸性溶液中吸附的钨主要是聚合阴离子 HWO_4^-，比强碱性树脂吸附 WO_4^{2-} 的扩散速度和交换速度快，且吸附容量大，因而解析的钨酸钠溶液钨浓度高、碱度低，用该工艺处理 APT 结晶母液具有投资少、运行成本低、回收率高、碱耗低且排放污染小等特点。

121　如何选择钨二次资源综合回收技术？

废钨材和含钨废合金是主要的二次钨资源，因此回收这些资源的方法很多，生产上应根据废料的外形、质量及返回用于生产的产品的性能要求确定利用废钨料的路线，一般而言，处理工序越多，则处理成本越高，经济效益越低，而用化学法处理成 APT 再回收利用是经济效益最低的方案。表 5-18 为这种废料的利用方案。

表 5-18　废钨材及合金回收利用方案对比[①]

项目	返回料再利用生产产品					
	高级合金	铸造 WC	工具钢	Menstruum[②]WC	钨铁	化学处理
废料						
纯块料	1	2	3	4	5	6
纯渣料			1	2	3	4
污染渣料			1		2	3
处理成本	低 ————————————————————————→ 高					
经济效益	高 ————————————————————————→ 低					

注：①1 表示最优方案，依此类推；

②直接用精矿与 Fe_3O_4、Al、CaC_2 配料，用热还原反应生成 WC，含大约 0.2%Fe，其结晶颗粒粗，且无内部亚亚边界，此法可用部分回收料代替精矿

因此，在可能情况下，最好采用最简单的酸、碱、水洗的方法处理，必要时辅以物理选别方法分类后，直接回收利用。

第三节　钨矿尾矿资源利用

122　什么是尾矿资源，钨矿尾矿处理有哪些方法？

尾矿是矿石磨细选取有用成分后排放的尾矿浆脱水形成的固体料，常由硅酸盐、碳酸盐和多种化学元素组成，具有粒度细、数量大、成本低、可利用性强的特点。不同金属选矿的尾矿产率不同，黑色金属、化工矿山为 50%，有色金属为 70%～95%，钨、钼、钽、黄金等稀贵金属高达 99%。通常建设矿山时就要建设可容纳全部生产期间排出尾矿的尾矿库。其工程投资大，占农田林地多，危害生态平衡，对下游的房舍、田林有潜在威胁，可能造成比水库溃坝更严重的灾难。随着矿冶行业的发展，尾矿的排出量正在逐年增加。据统计，2000 年以前，我国矿山产出的尾矿总量为 $5.026 \times 10^9 t$。2000 年以后，我国矿山年排放尾矿达到 $6 \times 10^8 t$，按此推算，现有尾矿的总量在 $8 \times 10^9 t$ 左右，占全国固体废料的 1/3 左右。这些尾矿的堆放不仅大量占用土地，而且污染环境。因此对尾矿的利用迫在眉睫。

尾矿直接来自一次矿物资源，不同于用过的废工业品（二次资源）的回收利用，无需广泛收集，可以利用企业已有条件加工，是生产过程的合理延续。从 20 世纪 60

年代，各国都非常重视尾矿再选，我国云南、广西等地锡矿也进行尾矿再选。英国、苏联、加拿大、美国等曾投入大量资金，研发尾矿综合利用，取得了明显的社会及经济效益。我国是矿业大国，钢铁、有色金属、煤炭等产量居世界前茅，几千座尾矿库遍布全国。我国历经几十年，迄今尾矿综合利用率仅为 7%左右，比发达国家落后近 50 百分点。随着我国经济持续快速发展，金属矿藏日渐短缺，精矿价格频频上扬，不少矿山再选积存尾矿，研发尾矿综合回收利用新工艺已成为矿业持续发展的一项重要举措。

我国拥有钼钨冶金化工先进科学技术，在转变经济发展方式、建设钼钨生态工业中，广大科技人员和企业日益关注钼钨尾矿资源的研发，并且不断取得进展。加强尾矿综合利用、促进钼钨生态工业建设具有重要的现实和长远意义。

当今尾矿综合利用可分为整体利用（包括经提取有价成分后的整体利用）和综合回收利用有价成分两种。尾矿整体利用在 20 世纪 70 年代就已开始，现在有用尾矿可作为建筑材料原料、矿井充填料、造田复垦、改善生态环境、建设旅游景点等。作为填充料也是将尾矿存于地下，待科技水平提高后再利用的一种做法。不含有害元素的尾矿较适合生态环境建设。对含有害元素的尾矿，应该经生化等处理，消除有害元素后再整体利用。显然，尾矿的利用要从尾矿资源和当地条件出发，决定采用综合利用或整体利用。例如，大黑山钼矿将选矿尾砂用旋流器分级，粗砂用于筑坝，细砂和水经自然沉降，在保障不溃坝的条件下，尽量扩大水位压砂的面积，减少扬尘，并用剥离废土覆盖种植草木，恢复植被。对于品位大于 0.04%、小于 0.06%的贫矿集中堆放，准备以后配矿使用。盘古山钨矿在尾矿库里植树绿化、建造公园与旱冰场，取得较好效果。在国外，加拿大在 Wabus 湖修筑堤坝内排放尾矿以减少污染并形成湿地和培植植物，为湖水复原创造条件。综合利用尾矿的各种有价成分，研发有高附加值、多功能新材料等，使尾矿资源化、无害化，变废为宝，提高其社会与经济效益，体现生态工业理念。

123　钨矿尾矿有哪些类型？

根据矿床类型以及原矿中 SiO_2 含量的高低，钨矿尾矿可分为以下三种类型。

高硅型：富含二氧化硅，常常伴生有铋、锡、钼、铜及稀有稀散元素碲、铍、铌、钽和稀土元素。在对其尾矿进行综合利用时，主要考查两个方面。一是其伴生元素的回收情况，特别是稀有稀散元素及稀土元素的回收；二是对二氧化硅的回收利用，一般情况下二氧化硅基本上以石英的形式存在，其潜在价值非常大，因此，对二氧化硅（石英）的回收利用是当务之急。

中硅型：常常伴生有铋、锡、钼、铜，部分矿床还伴生稀有稀散元素铍等，二氧化硅百分含量中等。在对其尾矿进行综合利用时，主要对其中的伴生元素进行综合回收，其尾矿主要作为生产建筑陶瓷和微晶玻璃的原料。

低硅型：二氧化硅的百分含量低，其伴生元素主要为铋、钼、锡等，在对其中有益的伴生元素进行回收后，其尾矿主要作为建筑用砂。

124　钨矿尾矿再选工艺是什么？

从尾矿中回收有用细粒级白钨矿不仅具有经济效益，而且具有重要的战略意义。由于微细粒级矿物具有质量效应和表面效应，在技术上存在一定难度，其关键是微细粒级颗粒中有用矿物的高效回收。可以采用的有效途径主要有调药、调粒、调泡等，即寻找高效的浮选药剂、选择合理的工艺流程、开发针对微细粒级颗粒浮选的浮选设备。

微泡浮选柱是一种能高效回收微细粒的浮选设备，在微细粒级浮选和资源再利用方面都得到了广泛的应用。微泡浮选柱利用微泡强化微细粒矿物的捕收来提高回收率、利用泡沫区淋洗水减少脉石矿物夹杂来提高精矿品位。研制了一种采用微孔材料发泡的 CMPT 微泡浮选柱，利用这种微泡浮选柱可有效从白钨精选尾矿中回收白钨。如图 5-13 所示为浮选柱试验示意图。

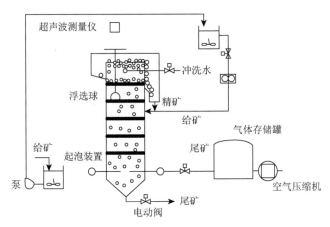

图 5-13　浮选柱试验示意图

浮选机浮选试验各数据如下。

捕收剂：分别用油酸、油酸与氧化石蜡皂 733（1∶1）、OL 与 KL 药剂作为捕收剂，进行浮选试验。

试验条件：药剂用量为 120g/t，pH=10，水玻璃作为抑制剂，用量为 2000g/t，试验结果见表 5-19。

捕收剂用量：从表 5-19 中可以看出，捕收剂 KL 的浮选效果相对较好，但富集比较低。对 KL 进行了药剂用量试验，结果见表 5-20。由表 5-20 可以看出，KL 用量为 120g/t 较为适宜。

抑制剂：在以 KL 作为捕收剂、用量为 120g/t 的条件下，分别考查了水玻璃、改性水玻璃、六偏磷酸钠用量对浮选效果的影响，试验结果见表 5-21。

从浮选机浮选试验结果可以看出，因为富集比太低，采用浮选机浮选不能有效从精选尾矿中回收钨，要实现其有效回收，必须采用高效微细粒级浮选设备。

表 5-19 不同种类捕收剂试验结果

捕收剂	精矿品位/%	尾矿品位/%	回收率/%	富集比
油酸	0.49	0.32	54.58	1.26
油酸和氧化石蜡皂 733（1∶1）	0.48	0.27	71.11	1.23
OL	0.54	0.25	65.17	1.38
KL	0.56	0.19	77.08	1.44

表 5-20 KL 用量试验结果

用量/(g/t)	精矿品位/%	尾矿品位/%	回收率/%	富集比
60	0.49	0.31	55.41	1.26
80	0.50	0.30	41.74	1.28
100	0.45	0.33	57.50	1.15
120	0.57	0.18	79.47	1.46
140	0.40	0.38	64.32	1.03

表 5-21 抑制剂用量试验结果

抑制剂	用量/(g/t)	精矿品位/%	尾矿品位/%	回收率/%	富集比
硅酸钠	1500	0.40	0.38	64.28	1.03
	2000	0.56	0.19	77.67	1.44
	2500	0.44	0.34	60.06	1.13
	3000	0.54	0.24	67.60	1.38
	3500	0.42	0.36	52.51	1.08
改性水玻璃	1500	0.29	0.54	45.81	0.74
	2000	0.40	0.39	51.67	1.03
	2500	0.51	0.19	81.41	1.31
	3000	0.41	0.37	50.0	1.05
	3500	0.33	0.48	53.33	0.85
六偏磷酸钠	6	0.51	0.37	17.33	1.31
	4	0.44	0.38	13.92	1.13
	2	0.41	0.38	19.58	1.05
	1	0.42	0.37	35.13	1.08
	0.25	0.42	0.38	25.15	1.08

微泡浮选柱半工业试验各数据如下。

表观矿浆速度：表观矿浆速度可决定矿浆在浮选柱内的浮选时间，表观矿浆速度小，浮选时间相对较长，而浮选时间直接影响到浮选效果。表 5-22 为不同表观矿浆速度的试验结果，从表 5-22 可以看出，合适的表观矿浆速度为 0.27cm/s，在后续的试验中表观矿浆速度均为 0.27cm/s。

表观气体速度：在不补加精矿冲洗水的条件下，进行了表观气体速度试验，结果见表 5-23。从表 5-23 可以看出，当表观气体速度为 1.35cm/s 时，可获得最大的回收率，故合适的表观气体速度为 1.35cm/s，后续试验表观气体速度控制在 1.35cm/s。

精矿泡沫区淋洗水：表 5-24 为精矿泡沫区添加淋洗水的试验结果。从表 5-24 可以看出，精矿泡沫区添加淋洗水可明显提高精矿品位，但淋洗水过大导致回收率下降。

添加充填材料方式：柱内充填材料的布置方式也会影响浮选效果，从表 5-25 可以看出，充填层沿同一方向排列时，可获得较高的回收率，但精矿质量较低；充填层沿相互垂直方向排列时，可获得较高的精矿质量，但回收率有所降低。

表 5-22　表观矿浆速度试验结果

给矿速度/(cm/s)	WO₃/%			回收率/%	富集比
	原矿	精矿	尾矿		
0.27	0.38	0.82	0.26	46.24	2.16
0.42	0.42	1.26	0.33	28.79	3.00
0.61	0.45	1.50	0.31	34.19	3.33

表 5-23　表观气体速度试验结果

充气速度/(cm/s)	WO₃/%			回收率/%	富集比
	原矿	精矿	尾矿		
1.08	0.45	2.25	0.39	16.12	5.00
1.35	0.60	2.20	0.44	40.74	3.67
1.81	0.48	1.29	0.39	26.87	2.69
1.98	0.64	2.84	0.44	36.97	4.44

表 5-24　精矿泡沫区淋洗水试验结果

淋洗水/(cm/s)	WO₃/%			回收率/%	富集比
	原矿	精矿	尾矿		
0.05	0.48	7.78	0.39	19.71	16.21
0	0.45	1.65	0.33	40.74	3.67

表 5-25　充填材料方式试验结果

挡板排列方向	WO₃/%			回收率/%	富集比
	原矿	精矿	尾矿		
平行	0.45	0.96	0.27	64.64	2.13
垂直	0.64	3.12	0.44	36.40	4.88

微泡浮选柱工业试验各数据如下。

工业试验条件：泡沫层厚度控制在 500mm 左右，精矿淋洗水控制在 0.04cm/s，气体表观速度控制在 1.0～1.5cm/s，尾矿处理量为 1.5t/h。工业试验部分结果见表 5-26。从表 5-26 可以看出，精矿品位最高可达 38.31%，精矿富集比最大可达 51.08，平均精矿品位为 24.52%，平均精矿富集比为 35.03，表明采用该浮选柱能有效地从精选尾矿中回收白钨。采用沉降水析对浮选柱给矿、精矿、尾矿进行了分析，计算了粒级回收率，见图5-14。由图5-14可以看出，5～10μm、10～19μm、19～38μm这三个粒级的回收率均在65%以上，表明微泡浮选柱能较好地回收细粒和微细粒颗粒。

表5-26　浮选柱工业试验部分结果

编号	原矿/%	精矿/%	尾矿/%	回收率/%	富集比
1	0.75	38.31	0.48	36.46	51.08
2	1.01	10.93	0.71	31.76	10.82
3	0.54	23.33	0.21	62.00	43.20
平均值	0.76	24.52	0.47	43.41	35.03

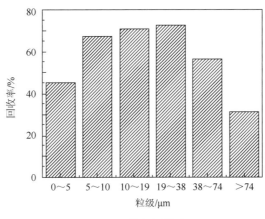

图5-14　粒级回收率

125　如何用钨尾矿制微晶玻璃？

微晶玻璃是由某些一定组成的玻璃，加入一定量的晶核剂，熔炼成型后经过晶化处理，在玻璃相内均匀析出大量细小晶体而成，有比常规玻璃更高的机械强度、表面硬度、化学稳定性和热稳定性，用途广泛，以建筑装饰用量最大。

用钨尾矿、长石、石灰石为原料制微晶玻璃，其表面呈现大理石花纹，各强度指标及抗化学腐蚀性均优于天然大理石和花岗石。

中国专利CN1063853A发明了一种用钨矿尾砂制微晶玻璃的方法，其基础玻璃配料为钨矿尾砂（55%）、长石、石灰石、纯碱、芒硝。晶核剂萤石单独用时为基础玻璃配料的6～7倍。制法是将原料混合，于1450～1520℃熔化，成型后进行核化（680～700℃，2～6h）和晶化（900～1000℃，2～4h）热处理。

126　如何用钨尾矿制釉面砖？

釉面砖又称内墙面砖、瓷砖，常用于内墙装饰。用尾砂代替石英砂配制的生料釉可用于制釉面砖。利用钨尾矿和稀土尾矿的互补性烧制（1100～1130℃）的釉面砖，烧成率＞90%，暗红色，釉面光滑，玻璃光泽较强，声音清脆，强度较大。

127　如何用钨尾矿制钙化砖？

以砂和石灰为主要原料，经压制成型、蒸汽养护制成的建筑砖称灰砂砖，也称钙化砖、免烧砖，加入着色剂可成为彩色制品。这种产品色泽美观，用粉煤灰、有色金属矿尾砂等制钙化砖和釉面砖的研发已相当活跃。钨矿尾砂化学组成与粒度组成都符合制这种砖的要求。

西华山钨矿的钙化砖厂基建投资 193.5 万元，拥有设备 90 余台，用除杂钨尾矿与石灰混合，经消化、压制、蒸汽养护工艺制钙化砖，1990 年投入批量生产，年生产砖达 1000 万块，年消耗细粒级尾矿 4×10^4 t，年创利润 20 多万元。

128　如何用钨尾矿制轻质陶粒？

现代建筑设计得越来越高，跨度越来越大，传统砂石集料密度大，建筑物地基深，抗震力差，因其含碱量高，易使混凝土风化，危及建筑安全，保温、隔热、防潮、隔音性能也差，不适应节能建筑，而轻质建材有助于解决这些问题，并可大幅度降低建筑成本。

2008 年，冯秀娟进行了用钨矿尾砂制轻质陶粒的研究。试验用的钨矿尾砂成分（%，质量分数）为 $SiO_2$79.6、$Al_2O_3$8.5、$Fe_2O_3$1.75、K_2O1.43、Na_2O1.02、CaO0.11。将钨矿尾砂用盐酸处理改性使其有大孔洞。取改性后的钨尾砂与炉渣、粉煤灰、红黏土等按一定比例混合，并添加成孔剂、黏结剂，坯于 120℃烘干，用正交优选法试验。结果表明，改性钨尾砂：（炉渣+粉煤灰）：黏土体积比（cm^3）为 5：3：1，烧成温度为 1100℃，所得 1～5mm 陶粒的各项参数均可达建材指标；其强度和密度较高、力学性能好，有助于解决重量轻、保温、防潮、防火、隔热、隔音及抗震等方面的问题，并可大幅度降低建筑成本。

129　如何用钨尾矿制水泥熟料矿化剂？

煅烧水泥熟料的主要原料是石灰石、黏土质料、铁粉和煤，掺入少量矿化剂以改善生料易烧性，利于形成熟料，对提高产品质量有重要作用。传统矿化剂（如萤石-铅锌尾矿）有污染环境问题。

苏达根等对用钨尾矿作为矿化剂的研究证明，用适量钨尾矿能增加水泥煅烧中的液相量，改善生料的易烧性，降低煅烧温度，提高水泥熟料质量，降低能耗和成本，并能促进 Pb、Cd 的逸放，减少水泥窑污染环境等，具有多方面良好效果。

130　如何用钨尾矿制备矿物聚合材料？

矿物聚合材料是由法国科学家 Davidovits 于 20 世纪 70 年代提出的概念，其原意是指由地球化学作用形成的铝硅酸盐矿物聚合物。这类材料多以天然铝硅酸盐矿物或工业固体废物为主要原料，与高岭石黏土和适量碱硅酸盐溶液充分混合后，在20～120℃的低温条件下成型硬化，是一类由铝硅酸盐凝胶成分黏结的化学键陶瓷材料。

以偏高岭石、钨尾矿为主要原料，以水玻璃和 NaOH 组成碱激发剂制备矿物聚合材料，测试了制品的抗折强度，讨论了几个主要因素对其性能及结构的影响，结果如下。

（1）偏高岭石的最适合用量为占固相比例 25%，钨尾矿利用率为 75%，当偏高岭石用量超过 25%时，材料的抗折强度反而会下降。水玻璃占液相的含量为 65%时，材料获得最佳性能。适当提高固液比，可相应降低材料固结过程中的干燥收缩率，减少因多余水分蒸发而形成的粒间孔隙，因而有利于提高材料的强度。固液比为 3.5～4.5 时，浆料黏度较为适中。养护温度可以提高反应速率，使矿物聚合材料的强度提高。但当固化温度超过 100℃后，会影响铝硅酸盐聚合反应的正常进行，导致聚合材料的强度降低。

（2）矿物聚合材料主晶相为 α-石英，聚合反应生成的产物为硅铝酸盐凝胶相，呈非晶质形式存在。矿物聚合材料生成层叠的片状产物，表现出典型的层叠的片状结构，材料整体呈现出一种絮状物相互黏结的状态，是胶凝反应胶结形式的直接反映；生成的铝硅酸盐基体相（絮状物）与尾矿结合紧密，具有高强度的结构特征。

主要参考文献

艾光华，李晓波. 2011. 微细粒黑钨矿选矿研究现状及展望[J]. 矿山机械，（10）：89-95.

艾光华，刘炯天. 2011. 钨矿选矿药剂和工艺的研究现状及展望[J]. 矿山机械，（4）：1-7.

陈经华. 2002. 采用弱极性非离子型添加剂的选择性浮选和絮凝的药剂制度[J]. 国外金属矿选矿，39（8）：23-28.

陈亮亮. 2011. 提高行洛坑钨矿钨细泥钨回收率的研究与实践[D]. 赣州：江西理工大学.

陈亮亮，熊大和. 2010. SlonΦ1600mm 离心机分选细泥浮选粗精矿的试验研究[J]. 中国钨业，25（6）：46-48.

陈万雄，胡为柏. 1980. 黑钨矿的润湿特性[J]. 中南矿冶学院学报，4：38-44.

陈万雄，叶志平. 1999. 硝酸铅活化黑钨矿浮选的研究[J]. 广东有色金属学报，9（1）：15-19.

陈文胜. 2002. 硫化钠在黑白钨加温精选中的应用研究[J]. 中国钨业，17（3）：26-32.

陈玉林. 2013. 强磁分选黑白钨新工艺在柿竹园的工业化应用[J]. 中国钨业，（4）：34-36.

程新朝. 2000a. 钨矿物和含钙矿物分离新方法及药剂作用机理研究 I 钨矿物与含钙脉石矿物浮选分离新方法-CF 法研究[J]. 国外金属矿选矿，（6）：21-25.

程新朝. 2000b. 钨矿物和含钙矿物分离新方法及药剂作用机理研究 II 药剂在矿物表面作用机理研究[J]. 国外金属矿选矿，（7）：16-21.

邓海波，赵磊. 2011. 细粒矿泥与钨矿物凝聚行为和对浮选分离影响的机理研究[J]. 中国钨业，26（3）：19-22.

邓海波，赵磊，李晓东，等. 2011. 柿竹园预脱铁脱泥黑白钨混浮钨矿选矿新工艺研究[J]. 中国钨业，26（4）：36-39.

方夕辉，钟常明. 2007. 组合捕收剂提高钨细泥浮选回收率的试验研究[J]. 中国钨业，22（4）：26-28.

丰章发. 2009. 钨矿伴生有价组分综合回收的研究[D]. 赣州：江西理工大学.

冯秀娟，余育新. 2008. 钨尾砂生物陶粒的制备及性能研究[J]. 金属矿山，4：146-148.

付广钦. 2010. 细粒级黑钨矿的浮选工艺及浮选药剂的研究[D]. 长沙：中南大学.

付广钦，何晓娟，周晓彤. 2010. 黑钨细泥浮选研究现状[J]. 中国钨业，（1）：22-25.

傅联海. 2006. 从钨重选尾矿中浮选回收钼铋的实践[J]. 中国钨业，21（3）：18-20，36.

赣州有色研究所. 1996. 苯乙烯磷酸浮选钨细泥黑钨矿的研究[J]. 有色金属（冶炼部分），（2）：45-55.

高建新，张芬萍，李运刚. 2010. 我国钨产业发展现状[J]. 湿法冶金，29（4）：211-215.

高湘海，肖宏，雷晓明. 2013. 磁选—浮选联合流程在黑钨细泥回收中的应用研究[J]. 有色金属（选矿部分），（4）：24-26.

高玉德，邱显扬，冯其明. 2003. 苯甲羟肟酸捕收白钨矿浮选溶液化学研究[J]. 有色金属（选矿部分），（4）：28-31.

高玉德，邹霓，韩兆元. 2009. 湖南某白钨矿选矿工艺研究[J]. 中国钨业，24（4）：20-22.

高玉德，邹霓，刘进. 2007. 微细粒钨矿的选矿工艺[J]. 材料研究与应用，1（4）：307-308.

高志勇，孙伟，刘晓文. 2010. 白钨矿和方解石晶面的断裂键差异及其对矿物解理性质和表面性质的影响[J]. 矿物学报，30（4）：470-475.

龚恩民，陈江安，周晓文. 2010. 某钼钨多金属矿石的选矿试验研究[J]. 中国钨业，25（1）：26-29.

管则皋，张忠汉，高玉德. 2002. 锯板坑钨多金属矿综合利用选矿工艺研究[J]. 广东有色金属学报，12（2）：79-84.

郭劲卿. 2013. 某白钨矿浮选尾矿综合回收微细粒级自钨试验研究[J]. 中国钨业，（6）：21-24.

国际钨协. 2003. 世界钨矿山的现状[J]. 矿业快报，（3）：50-52.

韩兆元. 2009. 组合捕收剂在黑钨矿、白钨矿混合浮选中的应用研究[D]. 长沙：中南大学.

韩兆元，高玉德，王国生，等. 2012. 组合捕收剂对黑钨矿疏水行为的影响研究[J]. 稀有金属，（6）：973-978.

韩兆元，管则皋，卢毅屏年. 2009. 组合捕收剂回收某钨矿的试验研究[J]. 矿冶工程，29（1）：50-54.

洪明洋. 2004. 我国钨矿资源开采利用现状及可持续发展战略[J]. 中国钨业，19（5）：52-55，74.

胡红喜，张忠汉. 2013. 湖南某白钨矿选矿试验研究[J]. 矿产综合利用，（6）：35-37.

胡岳华，孙伟，蒋玉仁，等. 1998. 柠檬酸在白钨矿萤石浮选分离中的抑制作用及机理研究[J]. 国外金属矿选矿，（5）：27-29.

胡岳华，王淀佐. 1985. 黑钨矿的组成与其可浮性[J]. 有色金属，37（3）：26-32.

华南师范大学，湖南柿竹园有色金属责任有限公司. 2012. 一种从多金属矿浮硫尾矿分离回收白钨矿和萤石的选矿方法：中国，CN201110397477.4[P].

黄淦祥. 1997. 华南钨矿工艺矿物学[M]. 北京：冶金工业出版社：7-20.

黄万抚. 1989. "石灰法"浮选白钨矿的工艺与原理[J]. 江西冶金，9（1）：16-19，51.

黄万抚，肖礼菁. 2012. 钨细泥选矿工艺现状[J]. 有色金属科学与工程，（1）：53-56.

黄万抚，肖良. 2013. 钨矿选矿工艺研究进展[J]. 有色金属科学与工程，（1）：57-61.

姬芳. 2007. 江西省崇义地区钨矿资源开发与潜力评价[D]. 北京：中国地质大学.

贾木欣，王明燕，李艳峰，等. 2013. 我国钨资源矿石性质特点及资源利用存在的问题[J]. 矿冶，22（1）：90-94.

江庆梅. 2009. 混合脂肪酸在白钨矿与萤石、方解石分离中的作用[D]. 长沙：中南大学.

江西省地质矿产局实验测试中心. 1989. 钨矿石分析[M]. 北京：地质出版社：6-7，20.

江西有色冶金研究所. 1975. 钨矿石中钨及其伴生元素的分析[M]. 北京：冶金工业出版社：25-30.

金婷婷. 2011. 调整剂对白钨矿石浮选影响的试验研究[D]. 赣州：江西理工大学.

孔昭庆. 2005. 我国钨工业必须加快发展循环经济[J]. 中国钨业，20（5）：1-6.

孔昭庆. 2009. 新中国钨工业60年[J]. 中国钨业，24（5）：1-10，37.

匡敬忠，熊淑华. 2003. 钨尾矿微晶玻璃的组成及制备[J]. 矿产综合利用，3：37-39.

冷文华，朱龙华，冯其明. 1997. 钨矿物浮选研究进展[J]. 矿产保护与利用，（3）：1-7.

李爱民. 2012. 行洛坑钨矿伴生钼铜铋浮选分离新工艺研究[J]. 金属矿山，（4）：74-78，90.

李爱民，郭阶庆，罗仙平，等. 2010. 赣南某白钨矿工艺矿物学特征与选矿流程试验研究[J]. 中国钨业，25（4）：23-26.

李洪潮，张成强，张颖新，等. 2008. 干式永磁强磁选机在黑钨矿分选中的应用研究[J]. 中国矿业，17（9）：64-66.

李洪桂，刘茂盛，李运姣，等. 2004. 白钨矿及黑白钨混合矿的NaOH分解法：中国，ZL00113250.4[P].

李俊萌. 2009. 中国钨资源浅析[J]. 中国钨业，12（6）：9-13.

李平，管建红，李振飞，等. 2010. 钨细泥选矿现状及试验研究分析[J]. 中国钨业，（2）：20-25.

李仕亮. 2010. 阳离子捕收剂浮选分离白钨矿与含钙脉石矿物的试验研究[D]. 长沙：中南大学.

李英霞，王国生. 2011. 从多金属矿中回收钨的研究[J]. 铜业工程，（6）：45-47.

李云龙，彭明生，王淀佐，等. 1990. 黑钨矿晶体构造特征与可浮性关系[J]. 有色金属，42（4）：38-43.

李振飞. 2010. 某夕卡岩型白钨矿选矿试验研究[J]. 中国钨业，25（5）：25-28.

梁冬云，李波，洪秋阳. 2011. 我国西南部某低品位钨多金属矿工艺矿物学研究[J]. 中国钨业，（4）：20-23.

梁冬云，张莉莉. 2010. 假象白钨矿和黑钨矿工艺矿物学特征及对选矿的影响[J]. 有色金属（选矿部分），（2）：1-4，21.

林海清. 2007. 中国钨矿选矿的百年变迁[J]. 中国钨业，22（6）：11-15.

林培基. 2009. 离心选矿机在钨细泥选矿中的应用[J]. 金属矿山，（2）：137-140.

林日孝，张发明，曾庆军，等. 2011. 云南某白钨矿选矿试验研究[J]. 金属矿山，（3）：74-77.

刘红尾. 2010. 难处理白钨矿常温浮选新工艺研究[D]. 长沙：中南大学.

刘红尾, 许增光. 2013. 石灰法常温浮选低品位白钨矿的工艺研究[J]. 矿产综合利用, (2)：33-35, 39.

刘良先. 2012. 中国钨矿资源及开采现状[J]. 中国钨业, 27 (5)：4-8.

刘清高, 韩兆元, 管则皋. 2009. 白钨矿浮选研究进展[J]. 中国钨业, 24 (4)：23-27.

刘全军, 姜美光. 2012. 碎矿与磨矿技术发展及现状[J]. 云南冶金, (5)：21-28.

刘日和. 2005. 黑钨矿伴生硫化矿回收工艺改进[J]. 江西有色金属, 19 (2)：23-25.

刘旭. 2010. 微细粒白钨矿浮选行为研究[D]. 长沙：中南大学.

刘振楠. 2008. 钨湿法冶金离子交换新工艺的研究[D]. 长沙：中南大学.

卢友中. 2009. 选冶联合工艺从钨尾矿及细泥中回收钨的试验研究[J]. 江西理工大学学报, 30(3)：70-73.

鲁军. 2011. 黑钨细泥选矿工艺研究现状及展望[J]. 矿产综合利用, (3)：3-7.

罗伟英. 2009. 大吉山钨矿选矿工艺改进的生产实践[J]. 江西有色金属, (3)：23-25.

罗仙平, 路永森, 张建超, 等. 2011. 黑钨矿选矿工艺进展[J]. 金属矿山, (12)：87-90.

骆任, 魏党生, 叶从新. 2011. 采用磁-重流程回收某原生钨细泥中的钨试验研究[J]. 湖南有色金属, 27 (3)：5-6.

马东升. 2009. 钨的地球化学研究进展[J]. 高校地质学报, 15 (1)：19-34.

彭康, 伦惠林, 杨华明, 等. 2013. 钨尾矿综合利用的研究进展[J]. 中国资源综合利用, 31 (2)：35-38.

祁水连, 侯春华. 2011. 我国钨资源利用情况分析[J]. 中国国土资源经济, (10)：24-27.

邱丽娜, 戴惠新. 2008. 白钨矿浮选工艺及药剂现状[J]. 云南冶金, 37 (5)：12-14, 28.

邱显扬, 董天颂. 2012. 现代钨矿选矿[M]. 北京：冶金工业出版社：18-27.

邱显扬, 王成行, 胡真. 2011. 从选铜尾矿中综合回收铜铋钨试验研究[J]. 有色金属（选矿部分）, 1 (4)：19-22.

宋振国, 孙传尧, 王中明, 等. 2011. 中国钨矿选矿工艺现状及展望[J]. 矿冶, 20 (1)：1-7.

苏达根, 周新涛. 2007. 钨尾矿作为环保型水泥熟料矿化剂研究[J]. 中国钨业, 22 (2)：31-32.

孙传尧, 程新朝, 李长根. 2004. 钨铋钼萤石复杂多金属矿综合选矿新技术-柿竹园法[J]. 中国钨业, 19 (5)：8-14.

孙伟, 刘红尾, 杨耀辉. 2009. F-305新药剂对钨矿的捕收性能研究[J]. 金属矿山, (11)：64-66.

孙志健, 叶岳华, 李成必, 等. 2013. 多金属硫化矿尾矿常温选钨试验研究[J]. 有色金属（选矿部分）, (S1)：129-132.

万林生. 2011. 钨冶金[M]. 北京：冶金工业出版社：11-15.

汪义兰, 李平. 2009. 漂塘钨矿大江选厂细泥尾矿综合回收的探索实验[J]. 江西有色金属, (3)：18-23.

王发展, 李大成, 孙院军, 等. 2008. 钨材料及其加工[M]. 北京：冶金工业出版社.

王明细, 蒋玉仁. 2002. 新型螯合捕收剂COBA浮选黑钨矿的研究[J]. 矿冶工程, (1)：56-58.

王薇. 2010. 我国钨资源的生产与出口[J]. 中国有色金属, (21)：64-65.

王星. 2010. 钨矿选矿工艺研究进展评述[J]. 工程设计与研究, (2)：5-8.

王星, 黄光洪, 陈典助. 2010. 钨矿选矿工艺研究进展评述[J]. 湖南有色金属, (4)：21-23.

韦世强, 苏亚汝, 谭运金, 等. 2011. 从某钨矿选厂钨细泥中回收钨、锡的试验研究[J]. 中国钨业, (3)：23-26.

吴荣庆. 2009. 钨矿的综合开发利用. 中国金属通报[J], (8)：28-29.

肖军辉, 文书明. 2010. 海南钨钼多金属矿选矿试验研究[J]. 稀有金属, 34 (4)：578-584.

肖礼菁. 2013. 钨矿资源综合回收工艺的技术经济评价研究[D]. 赣州：江西理工大学.

肖良. 2013. 钨矿高效选择性磨矿机理研究[D]. 赣州：江西理工大学.

徐晓军, 刘邦瑞. 1993. 黑钨矿细泥浮选时有机螯合剂的活化作用[J]. 中国矿业, 13 (2)：64-67.

徐晓萍, 梁冬云, 王国生. 2011. 广西某锑锌银钨多金属矿选矿工艺研究[J]. 有色金属（选矿部分）, (6)：1-3, 16.

许德清. 1997. 华南钨矿工艺矿物学[M]. 北京：冶金工业出版社.

严连秀. 2012. 上坪选厂细泥回收工艺研究[J]. 中国钨业，（5）：19-20.

杨久流. 1995. 微细粒黑钨矿复合聚合分选新技术及理论研究[D]. 长沙：中南大学.

杨久流. 2003. FD 在微细粒黑钨矿表面的吸附机理[J]. 有色金属，（4）：110-113.

杨晓峰，刘全军. 2008. 我国白钨矿的资源分布及选矿的现状和进展[J]. 矿业快报，（4）：6-9.

杨耀辉，孙伟，刘红尾. 2009. 高效组合抑制剂 D1 对钨矿物和含钙矿物抑制性能研究[J]. 有色金属（选矿部分），（6）：50-54.

杨易琳. 2008. 中国钨业发展战略[J]. 中国有色金属，（13）：56-57.

杨应林，周晓彤，汤玉和. 2011. 黑白钨共生矿混合浮选药剂及工艺[J]. 中国钨业，26（1）：23-26.

叶卉，陈仁义，张洪涛. 2009. 稀土、钨、锡等我国优势金属矿产供应格局分析及对策研究[J]. 金属矿山，（1）：16-20.

叶帏洪，王崇敬，罗英浩，等. 1983. 钨——资源、冶金、性质和应用[M]. 北京：冶金工业出版社：30-41.

叶志平. 2000. 苯甲羟肟酸对黑钨矿的捕收机理探讨[J]. 有色金属（选矿部分），（5）：35-39.

叶志平，何国伟. 2005. 柿竹园浮钨尾矿综合回收萤石新工艺[J]. 有色金属，57（3）：70-72.

殷志刚，鲁军，孙忠梅，等. 2011. 白钨矿浮选药剂应用与研究现状[J]. 矿产综合利用，（6）：3-6.

于洋，李俊旺，孙传尧，等. 2012. 黑钨矿_白钨矿及萤石异步浮选动力学研究[J]. 有色金属（选矿部分），（4）：16-22.

于洋，孙传尧，卢烁十. 2013. 白钨矿与含钙矿物可浮性研究及晶体化学分析[J]. 中国矿业大学学报，42（2）：278-283，313.

余军，薛玉兰. 1999. 新型捕收剂 CKY 浮选黑钨矿、白钨矿的研究[J]. 矿冶工程，19（2）：34-36.

余良晖，马茁卉，周海东. 2013. 我国钨矿资源开发利用现状与发展建议[J]. 中国钨业，28（4）：6-9.

张春明. 2011. 中国钨矿资源节约与综合利用的思考[J]. 中国钨业，26（2）：1-5.

张国范，魏克帅，冯其明，等. 2011. 浮钨尾矿萤石的活化与浮选分离[J]. 化工矿物与加工，9：6-8，12.

张红燕，王选毅. 2002. 栾川钼矿白钨回收工业试验研究[J]. 中国钨业，17（5）：34-37.

张念. 2011. 西南某钨矿选矿厂细泥黑钨回收工艺研究[J]. 有色金属科学与工程，（5）：77-79.

张庆鹏，刘润清，曹学锋，等. 2013. 脂肪酸类白钨矿捕收剂的结构性能关系研究[J]. 有色金属科学与工程，4（5）：87-90.

张三田. 2001. 北坑钨矿选钨硫化矿尾矿综合回收工艺研究[J]. 金属矿山，（1）：50-51，59.

张文朴. 2007. 我国钨一次资源综合利用研发进展[J]. 中国资源综合利用，（10）：7-10.

张旭，李占成，戴惠新. 2008. 白钨矿浮选药剂的使用现状及展望[J]. 矿业快报，（9）：9.

张忠汉. 2007. 我国钨矿石浮选技术进展//2007 年中国稀土资源综合利用与环境保护研讨会论文集[C]. 广州.

张忠汉，周晓彤，叶志平，等. 1999. 柿竹园多金属矿 GY 法浮钨新工艺研究[J]. 矿冶工程，19（4）：22-25.

章国权，戴惠新. 2008. 云南某白钨矿重选试验研究[J]. 中国钨业，23（5）：23-25.

章云泉，黄枢. 1990. 黑钨矿絮凝重选的机理探讨[J]. 有色金属，42（1）：28-32.

赵佳. 2014. 低品位白钨矿泥砂分选新工艺及机理研究[D]. 长沙：中南大学.

赵磊. 2010. 钨矿预脱铁-脱泥-黑白钨混浮新工艺及机理研究[D]. 长沙：中南大学.

赵磊，邓海波，李仕亮. 2009. 白钨矿浮选研究进展[J]. 现代矿业，（9）：15-17，26.

赵平，常学勇，彭团儿，等. 2012. 高频振动筛在钼钨选矿中的应用[J]. 现代矿业，（1）：101-103.

中华人民共和国国家发展和改革委员会. 2007. YS/T 231—2007. 钨精矿[S]. 北京：中国标准出版社.

中南大学，湖南柿竹园有色金属有限责任公司，郴州钻石钨制品有限责任公司. 2009. 选、冶联合工艺提高柿竹园矿钨资源综合利用率的研究[R]. 长沙：中南大学.

中湘钨业股份有限公司. 2013. 一种白钨选矿方法：中国，CN201210456302. 0[P].

钟传刚. 2013. 黑钨矿浮选体系中金属离子的作用机理研究[D]. 长沙：中南大学.

周凌凤，张强. 2005. 气泡尺寸变化对微细粒浮选效果的研究[J]. 有色金属（选矿部分），（3）：21-23.

周晓彤，邓丽红. 2007. 黑白钨细泥选矿新工艺的研究[J]. 材料研究与应用，（4）：303-306.

周晓彤，邓丽红，关通，等. 2011. 从某低品位多金属矿中回收白钨矿的选矿试验研究[J]. 中国矿业，（7）：86-89.

周晓彤，邓丽红，廖锦. 2010. 白钨浮选尾矿回收黑钨矿的强磁选试验研究[J]. 中国矿业，19（4）：64-67.

周晓彤，胡红喜，邱显扬. 2011. 湖南某难选黑白钨矿中的白钨浮选试验研究[J]. 中国钨业，26（2）：18-21.

周晓文，陈江安，袁宪强，等. 2011. 离心机用于钨细泥精选的工业应用[J]. 有色金属科学与工程，2（3）：62-66.

朱海玲，邓海波，吴承桧，等. 2010. 钨渣的综合回收利用技术研究现状[J]. 中国钨业，25（4）：15-18.

朱一民，周菁. 1998. 萘羟肟酸浮选黑钨细泥的试验研究[J]. 矿冶工程，（4）：33-35.

朱玉霜，朱建光，江世荫. 1981. 甲苄胂酸对黑钨矿和锡石矿泥的捕收性能[J]. 中南工业大学学报（自然科学版），（3）：21-23.

朱玉霜，朱一民. 1992. 金属阳离子活化黑钨矿泥的作用机理[J]. 中南矿冶学院学报，23（5）：604-608.

祝修盛. 2003. 我国的钨资源与钨工业[J]. 中国钨业，（5）：32-37.

紫金矿业集团股份有限公司. 2010. 一种从复杂钨矿石中分离白钨的选矿药剂和方法：中国，CN201010110146. 3[P].

Amold R，Brownbill E E，Ihle S W. 1978. Hallimond tube flotation of scheelite andcalcite with amines[J]. International Journal of Mineral Processing，（2）：143-152.

Bel'kova O N，Leonov S B，Kukharev B F，et al. 1995. Perspective reagentsfor flotation beneficiation of scheelite ores[J]. Fiziko-Tekhnicheskie Problemy Razrabolki Poleznykh Iskopaemykh，（1）：75-79.

Frolova I V，Tikhonov V V，Nalesnik O I，et al. 2014. Study of tails enrichment of bom-gorkhon tungsten ores deposit[J]. Izvestiya Vysshikh Uchebnykh Zavedenii. Seriya Khimiyai Khimicheskaya Tekhnologiya，57（11）：37-39.

Giamello M，Protano G，Riccobono F，et al. 1992. The W-Mo deposit of Perda Majori（SE Sardinia，Italy）：a fluid inclusion study of ore and gangue minerals [J]. Europeanjournal of Mineralogy，4（5）：1079-1084.

Gong X D，Yan G S，Y e T Z，et al. 2015. A Study of ore-forming fluids in the Shimensi tungsten deposit，Dahutang tungsten polymetallic ore Field，Jiangxi province，China[J]. Acta Geologica Sinica（English Edition），89（3）：822-835.

Hicyilmaz C，Atalay U，Ozbayoglu G. 1993. Selective flotation of scheelite using amines[J]. Minerals Engineering，（3）：313-320.

Hu Y H，Yang F，Sun W. 2011. The flotation separation of scheelite from calcite using a quaternaryammonium salt as collector[J]. Minerals Engineering，24（1）：82-84.

Huang G Y，Feng Q M，Ou L M，et al. 2010. A comparative study of recovering fine scheelite in tailings by flotation cell and flotation column[J]. Journal of Solid Waste Technology and Management，36（2）：61-68.

Ilhan S，Kalpakli A O，Kahruman C，et al. 2013. The investigation of dissolutionbehavior of gangue materials during the dissolution of scheelite concentrate in oxalicacid solution [J]. Hydrometallurgy，136：15-26.

Kardanov K D，Volyanskii V M，Galich V M，et al. 1975. Flotation of scheelite oreby various brands of oleic acid[J]. Tsvetnye Metally，（7）：96-97.

Kraus T，Schramel P，Schaller K H，et al. 2001. Exposure assessment in the hard metal manufacturing industry with special regard to tungsten and its compounds[J]. Occup. Environ. Med.，58：631-634.

Liu J，Mao J，Ye H，et al. 2011. Geology，geochemistry and age of the Hukengtungsten deposit，Southern China [J]. Ore Geology Reviews，43：50-61.

Liu N，Yu C. 2011. Analysis of onset and development of ore formation in dajishantungsten ore area，Jiangxi Province，China [J]. Journal of Earfli Science，22：67-74.

Malyshev V V，Gab A I. 2007. Resource-saving methods for recycling waste tungstencarbide-cobalt cermets and extraction of tungsten from tungsten concentrates [J]. Theoretical Foundations of Chemical Engineering，41（4）：436-441.

Martins J I，Amarante M M. 2013. Scheelite floatation from Tarouca mine ores[J]. Mineral Processing and Extractive Metallurgy Review，34（6）：367-386.

Murciego A，Alvarez-Ayuso E，Pellitero E，et al. 2011. Study of arsenopyriteweathering products in mine wastes from abandoned tungsten and tin exploitations [J]. Journal of Hazardous Materials，186（1）：590-601.

Ozcan O，Bulutcu A N，Sayan P，et al. 1994. Scheelite flotation：A new schemeusing oleoylsarcosine as collector and alkyl oxine as modifier[J]. International Journal of Mineral Processing，42（1-2）：111-120.

Petrunic B M，Al T A，Weaver L. 2006. A transmission electron microscopy analysis of secondary minerals formed in tungsten-mine tailings with an emphasis onarsenopyrite oxidation [J]. Applied Geochemistry，21（8）：1259-1273.

Pyatt F B，Pyatt A J. 2004. The bioaccumulation of tungsten and copper by organisms inhabiting metalliferous areas in North Queensland，Australia：An evaluation of potential health implications[J]. J. Environ. Health Res.，3：13-18.

Srinivas K. 2004. Studies on the application of alkyl phosphoric acid ester in the flotation of wolframite [J]. Mineral Processing and Extractive Metallurgy Review，（4）：253-267.

Srivastava J P，Pathak P N. 2000. Pre-concentration：a necessary step for upgradingtungsten ore [J]. International Journal of Mineral Processing，60（1）：1-8.

Strigul N，Koutsospyros A，Arienti P，et al. 2005. Effects of tungsten onenvironmental systems [J]. Chemosphere，61（2）：248-258.

Sun S，Chen Q，Yang Y，et al. 1987. New techniques in processing tungsten ore slimes[J]. Institute of Scientific and Technical Information of China，（13）：13-16.

U. S. Geological Survey. 2012. Mineral Commodity Summaries[M]. Washington DC：U. S. Geological Survey：176-178.

Wilson B，Pyatt F B. 2006. Bio-availability of tungsten in the vicinity of an abandoned mine in the English Lake District and some potential health implications[J]. Sci. Total Environ.，370：401-408.

Wu S，Wang X，Xiong B. 2014. Fluid inclusion studies of the Xianglushanskarntungsten deposit，Jiangxi Province，China [J]. Acta Petrologica Sinica，30（1）：178-188.